# 农村水利基础设施建设 PPP 模式实证研究

李香云　著

中国水利水电出版社
www.waterpub.com.cn
·北京·

# 内 容 提 要

农村水利基础设施建设是我国实施乡村振兴战略的重要内容。要解决当下存在的投资、长效运营管理等现实问题，就必须建立适用性强的投建管模式。总体而言，政府和社会资本合作（PPP）模式是可以采用的模式，而如何合理、有效地运用 PPP 模式则是关键所在。本书主要讨论：一是在政策上，对 PPP 模式内涵以及 2013—2021 年与水利相关的 PPP 模式的新政策、新要求和新启示进行了跟踪分析；二是在理论上，对PPP 模式在水利领域应用中的难点、项目选择方法、合作模式构建等关键问题进行了探讨；三是在实践上，采用典型案例法和实地调研法，对农村水利基础设施中的农田水利、农村供水和水生态环境治理领域进行了实证研究；四是在应用上，针对实际操作中还存在的配套政策不完善、模式的复杂性等影响 PPP 项目可持续性的问题，提出了完善农村水利基础设施 PPP 模式实施机制的相关对策和措施，可为农村水利基础设施建设项目采用 PPP 模式提供参考。

本书可供农村水利、水利基础设施投融资以及相关领域扩展投融资模式的管理者、研究者、相关院校师生，以及对此领域感兴趣的人员参考。

## 图书在版编目（CIP）数据

农村水利基础设施建设PPP模式实证研究 / 李香云著
. -- 北京 ： 中国水利水电出版社，2023.11
ISBN 978-7-5226-1881-4

Ⅰ．①农… Ⅱ．①李… Ⅲ．①政府投资－合作－社会
资本－应用－农村水利－基础设施建设－研究－中国
Ⅳ．①F323.213

中国国家版本馆CIP数据核字（2023）第204275号

| 书　　名 | 农村水利基础设施建设 **PPP** 模式实证研究<br>NONGCUN SHUILI JICHU SHESHI JIANSHE PPP<br>MOSHI SHIZHENG YANJIU |
|---|---|
| 作　　者 | 李香云 著 |
| 出版发行 | 中国水利水电出版社<br>（北京市海淀区玉渊潭南路 1 号 D 座　100038）<br>网址：www.waterpub.com.cn<br>E-mail：sales@mwr.gov.cn<br>电话：（010）68545888（营销中心） |
| 经　　售 | 北京科水图书销售有限公司<br>电话：（010）68545874、63202643<br>全国各地新华书店和相关出版物销售网点 |
| 排　　版 | 中国水利水电出版社微机排版中心 |
| 印　　刷 | 清淞永业（天津）印刷有限公司 |
| 规　　格 | 184mm×260mm　16 开本　11 印张　228 千字 |
| 版　　次 | 2023 年 11 月第 1 版　2023 年 11 月第 1 次印刷 |
| 定　　价 | **88.00** 元 |

# Foreword
## 自序

　　水利是农业发展的命脉，是国民经济和社会发展的重要基础。经过多年的建设，我国水利设施类型多、数量规模大，充分发挥了对经济和社会发展的支撑、保障和拉动作用。然而，水利基础设施公益性较强，主要依靠政府投资，国家投融资政策的重点和导向，直接影响着水利工程建设的规模和速度。放眼几十年来水利工程建设的发展历程，已经由过去一个工程从立项到建设需要很多年，发展到现在一年要完成多个工程，在这一过程的背后，反映出的是国家投融资政策的变化以及对水利投融资的影响。尤其是在2008年金融危机后，为了保持经济的良好发展势头，我国政府在基建方面采取了适当超前的措施，加大了基建投入，大力推进基础设施建设；另一方面，为了预防系统性金融风险，国家加大了对投融资体制机制的改革力度，持续引进新的融资模式和工具，积极鼓励社会资本参与到基础设施和公共服务领域的建设中，建立了多层次、多渠道、多元化的投融资机制。水利是国家投融资改革的一个重点领域，随着国家投融资政策的导向，极大地拓宽了水利工程建设的资金渠道和规模，PPP模式就是其中的一种方式，这让水利建设的资金来源从传统的政府投资模式，变成了政府投融资模式。

　　笔者对PPP模式的研究，是从编制PPP模式操作指南开始的。由于初涉该领域，所以在借鉴已有的PPP相关政策的同时，还根据水利工程本身的特点，围绕水利PPP模式中的难点、关键点、前期操作要点等方面的问题，展开了探讨和研究，对农田水利、农村供水、水生态治理等细分领域的水利PPP项目进行了跟踪研究，并进行了大量的实地调研。在对水利PPP模式的实证研究过程中，不断补充PPP模式有关的投资、金融、工程管理、项目经济评价等方面的专业知识，对 PPP 模式的实施机制有了新的认识。笔者深深体会到，PPP 模式理论机理很清晰，制度体系规范，适用于运营功能强的水利项目；在实际工作中，由于社会资本的参与，在改变人们对水利投融资模式认识等方面发挥了很大的作用。目前，越来越多的社会资本开始进入水利基础设施领域，特别是乡村振兴战略实施过程中，受国家政策导向的影响，社会对农村水利基础设施建设的关注度增强。从实际情况来看，随着我国经济的发展，城市化水平的提高，农村水利基础设施的投资、建设和管理都发生了很大的变化，需要引进新的管理模式。PPP 模式无疑是一种值得采用的方法。由于PPP 模式涉及领域广泛，又具有很强的专业性，是一种看似简单但又十分复杂的模式，其制度体系虽然完整，但实际应用很容易出现不规范的情况，由于以往的研究都属于农村水利范畴，故将对水利 PPP 模式的多年的研究工作，总结成稿，供有兴趣的人参考。

李香云

2023 年 8 月

# Foreword
## 前言

自 2013 年国家提出允许社会资本通过特许经营等方式参与城市基础设施投资运营以来，国家在传统的基础设施和公共服务领域推广使用政府和社会资本合作（PPP）模式，并出台了一系列 PPP 相关的政策，建立了 PPP 模式实施机制，规范并吸引社会资本参与。国家鼓励水利领域采用 PPP 模式。在国家层面上，出台了水利 PPP 模式相关政策，开展了重大水利工程 PPP 模式的试点，推进水利 PPP 模式的发展。在地方层面上，PPP 模式作为地方政府合规负债的方式，是地方投融资的主要渠道之一，很多地区都出台了具有激励性的水利 PPP 模式政策。总体上看，水利 PPP 模式，尤其是在一些公益性较强的农村水利基础设施领域，水利 PPP 模式的发展远远超过了人们的预期。

在乡村振兴背景下的农村建设，为农村水利基础设施建设赋予了新的理念和内涵，具体包括了生活幸福、高效生产、优化生态、安居乐业等全方位发展，涉及农田水利、农村供水和农村水生态环境等建设管理。"水利是农业的命脉"，是农业生产重要的基础设施。农田水利是国家稳定与发展的重大战略性问题，其机制建设历来受到高度关注。随着农村改革的深入，城市化进程的加快，农田水利建设在管理主体、内容、投资方向和实施主体等方面发生了深刻的变化。在政策法规方面，历年中央 1 号文件中，一直强调要鼓励社会资本参与农田水利建设和运营，《农田水利条例》也对此作出了明确的规定，鼓励社会资本参与，提出政府与社会力量共同投资建设的农田水利工程，由投资者按照约定确定建设和运营的管理机制。农村供水是农村居民生存生活的重要基础设施，是实现城乡基本公共服务均等化的关键环节。纵观多年来的农村供水发展历程，从早期的农村饮水解困、饮水安全到巩固提升，从农村人饮到农村供水，在目标、重点、内容等方面都发生了很大的变化。我国农村以往长期存在的饮水难和饮水不安全问题目前已经基本得到解决，同时也形成了多种形式的农村供水设施建设运营模式。与过去相比，农村供水条件得到了较大的改善；与发展相比，我国农村供水的短板依然比较突出，与城镇供水水平相比，仍有较大差距。农村水生态环境是农村居民生活水平的重要基础设施，也是我国新时期实施新农村建设和乡村振兴战略的关键环节。由于农村社会和经济结构发生了较大变化，以及社会各方对农村水生态环境保护和建设的认识等方面的影响，在农村水生态环境治理中，存在着投入不足、管理缺位、管理不力等问题，农村水生态环境问题十分突出，尤其是与美丽乡村建设和农村居民的需求相比，还有很大的差距。面对变化和发展的农村社会经济环境，要解决当前农村水利基础设施建设和服务存在的投资、长效运营管理等现实问题，就必须建立适用性强的投建管模式。总体而言，社会资本的参与，既能有效地分担治理成本，又能在成本可控的情况下，参与农村水利基础设施的建设和运营管理。毫无疑问，PPP 模式是一个值得应用和推广的模式，而如何正确运用 PPP 模式则是其关键所在。

本书主要围绕如下内容展开：一是对 PPP 模式内涵以及 2013—2022 年与水利相关的 PPP 模式的新政策、新要求和新启示进行了跟踪分析；二是在理论上，对 PPP 模式在水利领域应用中的难点、项目选择方法、合作模式构建等关键问题进行了探讨；三是在实践上，采用典型案例法和实地调研法，对农村水利基础设施中的农田水利、农村供水和水生态环境治理领域进行了实证研究；四是在应用上，针对实际操作中还存在的配套政策不完善、模式的复杂性等影响 PPP 项目可持续性的问题，提出了完善农村水利基础设施 PPP 模式实施机制的相关对策和措施，可为农村水利基础设施建设项目采用 PPP 模式提供参考。

笔者在多年的水利 PPP 模式研究中，得到了很多人、很多单位、很多机构和部门的大力支持、帮助与协助，并提出了很多有价值的意见和建议，在此一并致谢！因笔者的知识、研究方法的限制，无法避免其中的一些缺陷，不妥之处还请大家批评指正，希望将来能得到更多的修正和完善。

作者

2023 年 8 月

# Contents 目录

# 第一章

# 概　　述

## 第一节　农村水利基础设施的基本内涵

### 一、农村水利基础设施

#### （一）基本概念

农村基础设施是一种公共基础设施，它是指为农村经济、社会、文化发展和农民生活提供公共服务的各种要素的总和。

农村水利基础设施的内涵，是随着社会经济的发展和城市化水平的提高而不断丰富的。传统农村水利基础设施是指农业基本建设，而现代的农村水利基础设施，包括了农业生产和农村生产生活的各类水利设施和服务。由于农村水利基础设施涉及的领域很广，在本书中，主要是指为提高农业综合生产能力、提升农民生活服务条件、改善农村水生态环境的水生态治理等所开展的建设项目和服务设施。在范围上，并不局限于简单的、一定规模以下的工程措施，如小水库、小泵站、小水电、小引水渠、小河堰等农村"五小"工程，而是将有关农村的水利基础设施建设纳入多种适宜区域和规模的治理方案，以克服单纯农村水利基础设施建设规模较小，集约性不强的弊端。因此，对于农村水利基础设施的建设和管理，要以问题、特点和目的为导向，根据其类型、规模、功能、位置以及管理难度等不同因素的需求，来选择不同的建设管理形式。

#### （二）主要内容

本书中所讨论的农村水利基础设施，主要有以下三个方面的内容。

一是农田水利设施。农田水利设施指的是为农业生产服务的设施，具体包括灌溉工程、引水工程、输水工程、排水工程等，以改善农业生产中的不利因素，如干旱缺水、灌溉排水等，满足农业生产需求，提高经济效益和农民收入。

二是农村供水设施。农村供水设施是一种能够按时、保质、保量为农民提供生活、生产等用水的设施，其关键是要缩小城乡供水差距，实现城乡公共服务均等化。

三是水生态综合治理设施。水生态综合治理涵盖内容较多，本书主要有农村河道治理、农村水生态修复与治理、水土保持生态建设、小流域综合治理、水美乡村建设等，以达到改善水生态环境，使农村居民享有更好的生活环境的目标。

**（三）主要作用**

农村水利基础设施在农村经济发展中具有重要作用，它是促进农业增收、保障农村经济发展、为农村居民生活创造条件，并提供生活保障的基础设施的重要组成部分，既是目前我国新农村建设的主要内容之一，也是乡村振兴战略实施的重中之重。农村的水利基础设施数量多、规模小、分布散，但与流域、区域水土资源、水生态环境有着密切的联系，是水资源优化配置和维持水生态平衡的最终落脚点，也是开发利用水资源、防灾减灾水利工程体系中不可或缺的一部分。农村小型水利基础设施的建设、自主管理和可持续利用，有利于改善农业生产条件，在提高农业综合生产能力和防灾减灾能力，实现城乡公共服务均等化，改善生态环境和人居环境，建设社会主义新农村等方面，发挥着非常重要的作用。

因此，农村水利基础设施要通过改革创新，发挥其对优化农村产业结构、增加农民收入、改善农村人居环境等方面的作用，使其成为现代农业生产体系和经营体系的重要支撑。

## 二、基本特点

**（一）兼具公益性与经营性**

农村水利基础设施项目，可以分为两类，一类是准经营性项目，另一类是公益性项目。从经济属性上来说，城乡供水、农村供水、农田水利工程，能够通过收取水费获取一定的投资回报，但收取的水费难以获得相应的投资回报，又具有保障粮食安全和维护农民利益的作用，具有一定的经济效益和社会效益，属于准经营性项目。而河道整治、生态修复、江河湖泊治理等，以向社会提供基本公共服务为主，将保障人民群众生命财产安全或创造良好的生态环境作为主要任务，本身无直接收入，项目自身不具备盈利能力，属于公益性项目。因此，农村水利基础设施，由于产权集体所有的特性，难以排他，集体中的人群均可以享受它带来的社会效益，也有通过收取相关费用而具有可经营性。

**（二）内容与功能的多样性**

农村水利基础设施类型繁多，规模大小不一，对工程设施的配套设备和服务功能有不同的要求。因此，在对农村水利设施进行管理时，要根据其类型、规模、功能、位置和管理难度等不同因素的需要，选择不同的管理方式，提高项目管理水平，降低项目成本。

**（三）量大面广不易管理**

农村水利基础设施分布比较分散，有些农村自然环境条件比较恶劣，为改善其生产生活条件，农村水利设施覆盖范围不断扩大，供水种类不断增多，星罗密布，日晒雨淋，容易老化损坏，日常维护和定期维护比较困难。由于农村水利基础设施的功能用途不同，其使用与维护的方式也不一样，具有明显的季节性特点。雨季蓄水保水、防洪排涝，旱季输水灌田、防旱抗旱，这些水利设施通常半年才会使用一次，有的甚至几年才会使用一次，甚至根本没有怎么使用过。这就造成了农村水利设施在经营管理上的难度比较大，在投资上，也很难完全覆盖所有农村居民需要的水利设施和公共产品。

**（四）具有鲜明的群众性特征**

群众性、互助性、合作性等特点，是我国早期农村水利基础设施建设的一个重要特征。随着我国社会经济的发展，目前的农村水利基础设施建设，也因农村投建管环境的变化，在不断推广新型建管模式，通过新的方式如以工代赈等，发动农村劳动力参与现有设施的清淤维护、损坏设施的修复和水利工程的建设。农村居民不仅是农村水利基础设施的建设者，也是农村水利基础设施的享用者。因此，农村水利基础设施的建设和管理中，要充分尊重农民的意愿、满足群众需求、实现均等受益。

# 第二节　农村水利设施投融资体制的变革

农村的公共产品和公共服务范围很广泛，其中既包括了与农业生产有着密切联系的基础设施，比如农田水利和防洪等，也包括了与农民生活有着密切联系的产品和服务，比如人畜饮水、水生态环境等。由于农村居民分散的生产和居住方式，决定了农村的公共服务不像城市那样具有较大的外部性，除了大型的农田水利、防洪设施之外，其他的公共产品和公共服务通常都是局限在一定的地域范围之内的。除了大型的治水、防洪等基础设施之外，直接在农村投入财力进行公共建设和服务，也就是近些年的事。

## 一、税费改革前

在改革开放前，农村的水利基础设施和公共服务以农田水利、防洪等为主，水利基础设施的建设，主要是通过国家和地方政府的组织、农民投劳的方式进行，以密集的劳动力修建了一大批农田水利、防洪工程，被认为是新中国农村建设最伟大的成就之一。这一时期的农村公共服务，组织上主要是人民公社，资金上主要依靠农民自己的投入，特别是投劳为主。在改革开放以后，农村的大部分公共服务都依赖于向农民征收税费后开展，税的部分属于预算内收入，包括农业税、农业特产税和一些工商税收，预算外收入大致可以分为"三提五统"、集资收费、欠款借债三大类，这三大类覆盖了农村基本公共服务的资金需求，前两类是农民负担的主要构成部分，并在分税制实行后加重。

## 二、税费改革后

上述相关税费取消后，造成了农村基础设施和公共服务的资金缺口。这个缺口主要是由中央和地方财政统筹后的转移支付来弥补，在我国许多县级地区，上级转移支付的收入占当地财政支出中的比例都超过50%❶。这一变革的实质就是"公共财政反哺农村"，主要有两类运作路径。一类是转移支付，包括一般转移支付和专项转移支付。一般转移支付主要用于地方的财力补助，不指定用途，地方自主安排支出；专项转移支付主要服务于中央的特定政策目标，地方政府按照中央政府规定的用途，将其用于公共服务和公共建设等方面；这一资金与项目挂钩，种类繁多。另一类是专门指定用途或特殊用途的专项资金（可能含有转移支付资金），加强中央政府对地方政府行为的调控，引导地方财政资金投向国家重点支持和发展的事项等，包括一些专项补助、扶贫款、农业综合开发资金、国债项目资金等，这一类的资金专款专用，其规模一直在扩大。总体上看，专项资金的规模比专项转移支付资金大得多。

税费改革后，农村的公共服务体系发生变化，对水利基础设施的建设和维护影响较大，原有的投资不足和主体缺位等问题更加凸显。此外，由于地方收入和支出之间存在着较大的差距，虽然农村水利基础设施建设的步伐一直在加快，生产生活条件也在逐步改善，但是因为历史欠账较多、资金投入不足、融资渠道不畅、社会经济发展的要求提升等原因，农村基础设施在整体上仍然比较薄弱。上述的变革，也意味着国家与农村形成了一种新型的关系，表明了农村水利基础设施建设的主要资金来源不再是农民，而是政府，更多地依赖政府层面的资金。

## 三、财政预算体制的改革

除了税费改革、中央与地方财政事权和支出责任的划分之外，近些年来我国预算管理体制的改革，对农村水利基础设施建设的影响也很大。

我国的财政预算体制可以说是一种软预算约束。因为这种软预算约束的现实存在，当地方财政超额支出或者支出预算不合理所导致的资金低效使用时，比如，转移支付与政府投资基金投向重复❷等，并没有人为其缺口或债务问题负责，从而会导致政府的债务呈扩张状态，带来较大的债务风险。地方财政收入和支出之间的差距较

---

❶　周飞舟. 以利为利：财政关系与地方政府行为［M］. 上海：上海三联书店，2012.

❷　审计署，《关于2022年度中央预算执行和其他财政收支的审计工作报告》。

大，其主要原因是发展方式、预算制度等问题。为解决我国预算制度软约束和债务风险等问题，一方面，国家加大对政府投资项目的管理力度，对预算管理体制进行改革，赋予地方政府依法举债的权力，并明确地方政府债券是地方政府举债的唯一合法渠道。另一方面，作为地方政府债务的化解和风险防范措施，提出了推广使用 PPP 模式❶，并加强地方债务监管。从目前的情况来看，从 2014 年开始运作的地方政府专项债券和 PPP 模式，已经成为了我国地方政府稳投资、补短板、促增长的重要政策工具，同时也是农村水利基础设施建设的资金来源之一。

### 四、投融资改革的方向

国家出台的一系列深化投融资体制改革的政策和法规，包括《预算法》（2014 年修正）、国务院《关于加强地方政府性债务管理的意见》（国发〔2014〕43 号）、国务院《关于创新重点领域投融资机制鼓励社会投资的指导意见》（国发〔2014〕60 号）、中共中央 国务院《关于防范化解地方政府隐性债务风险的意见》（中发〔2018〕27 号）、《政府投资条例》（第 712 号，2019 年）、国务院《关于加强固定资产投资项目资本金管理的通知》（国发〔2019〕26 号）和国务院办公厅《国有金融资本出资人职责暂行规定》（国办发〔2019〕49 号）❷ 等，明确了改革导向、主要政策和操作路径，明晰和强化了投融资改革要求和路径，是未来农村水利基础建设投融资改革的方向和方法。

#### （一）规范了政府投资项目的投融资模式

政府投资应当与经济社会发展水平和财政收支状况相适应，政府投资方式主要有直接投资、资本金注入、投资补助、贷款贴息等。总体上看，我国政府投资项目的资金来源，主要是财政预算内投资、专项债券、各类专项建设基金、其他政府性资金和国家主权外债资金等。

#### （二）鼓励投融资机制的创新

政策强调，要更多地运用改革的方法来解决建设资金问题，更好地发挥政府投资的引导和带动作用、市场在资源配置中的决定性作用等改革要求，用好开发性政策性金融等工具，引导金融机构加大中长期贷款支持力度，鼓励发展多元化、多层次、多渠道筹融资模式，鼓励项目法人和项目投资方通过发行权益型、股权类金融工具，多渠道规范筹措资金，吸引社会资本投资运营水利工程。

#### （三）明确了地方政府合规举债的路径

从上述政策简述中不难看出，未来基于地方政府信用的融资将大幅收缩，地方政

---

❶ 国务院《关于加强地方政府性债务管理的意见》（国发〔2014〕43 号）。

❷ 国务院办公厅《国有金融资本出资人职责暂行规定》（国办发〔2019〕49 号）明确由各级财政部门履行国有金融资本出资人职责，表明国有金融资本管理从"管企业"到"管资本"转变。

府信用的投融资模式已发生重大改变，政府负有直接偿还责任的只有被纳入政府隐性债务的部分，以及当地政府需要履行出资人职责的部分才算合规，这使得项目融资的渠道和规模有限。融资平台公司曾作为政府主要筹融资主体，但自 2010 年之后，国家开始整顿地方政府通过各类平台开展筹融资活动的模式，目前对政府融资平台的政策已很明确具体，要求政府及其有关部门不得违法违规举借债务，用来筹措政府投资项目的资金。

笔者认为，由于水利项目有其自身的特点，加之农村水利改革发展的需要，以及政府稳投资需求与水利项目融资能力之间的不匹配，决定了在今后的一段时期内，还需要各种市场主体积极地参与、探索和运作，而 PPP 模式就是其中之一。

## 第三节 农村水利设施采用 PPP 模式的适用性

### 一、属于 PPP 模式重点支持领域

PPP 模式适合于政府有责任提供，且具有公共属性，资金规模相对较大，需求长期稳定，收费机制透明，价格调整机制相对灵活，风险可以合理分担，市场化程度较高，以及具有显著的运营特点的基础设施及公共服务类项目。在财政部《关于推进政府和社会资本合作规范发展的实施意见》（财金〔2019〕10 号）中，除了对 PPP 模式实施的一系列负面清单外，更是明确指出，要优先扶持有一定盈利能力的公益性项目，并加大政策支持力度。农村水利基础设施属于基础设施补短板、基本公共服务均等化的范畴，是乡村振兴战略的重要内容。

农村水利基础设施项目兼具经营性和公益性特征，具有一定的利润空间，尤其是城乡供水一体化项目，对社会资本的吸引力较大，且符合 PPP 模式的基本要求和重点支持领域。

### 二、顺应当前农村改革发展趋势

农村水利基础设施项目采用 PPP 模式，有利于实现规模经营，改善政府的融资方式和结构，推进建设与运营主体的多元化等功能。通过特许经营等方式，由社会资本负责项目的建设、运维，产权清晰，政府只需做政策性支持、制度性的安排，或作为合伙方参与进来就可以了。社会资本需要在特许经营期限内，提供符合要求和标准的产品，以获取投资和服务的回报，各方责权利边界条件明确，有利于长效机制的形成；此外，通过对工程产权界定，能够内化外部效应，优化资源配置，提高资金的运作和管理效率。理论上，PPP 模式对于促进我国农村水利基础设施建设的市场化，缩小水利基础设施城乡差距等，具有积极的作用。

总而言之，在农村水利基础设施项目中引入 PPP 模式，不仅能够解决资金难题，还有利于发挥政府的引导和监督作用，以及企业组织在管理、信息、运营和风险控制方面的优势，从而提高农村水利基础设施项目的效率和质量。同时，也有利于打破过去政府包揽一切的局面，激发和调动多种社会力量，实现供给侧结构性改革的目标，提高农村水利基础设施项目的市场化程度。

### 三、具有特殊优惠政策和一定的收益

当前，我国农村水利基础设施项目，在土地、电力和税收等方面，享有明确的优惠政策。比如，对农村饮水安全工程，在供水用电价格、工程用地取得方式、增值税、契税、合同税、城镇土地使用税、房地产税、企业所得税等方面，给予减免和优惠办法。相对城市水利基础设施项目，农村水利基础设施项目在土地、电力、税收等方面，享有特殊的优惠政策，这使得其运营成本更低，从而增强了 PPP 模式的吸引力。

根据国务院办公厅《关于创新农村基础设施投融资体制机制的指导意见》（国办发〔2017〕17 号）中的相关规定，政府在农村水利基础设施领域的投资、补贴等方面支持力度大，这无疑会增强项目的吸引力。此外，一些农村水利基础设施项目有一定收入，但受规模、资产质量、稳定性不强等因素影响，一些项目盈利性不高，而根据国家加快补齐短板的思路，采取有效措施和方法，如推进城乡供水一体化等，建立好成本控制机制、补贴机制以及 PPP 模式下的可行性缺口补助机制，有利于解决农村水利基础设施项目的投资回报问题。

### 四、市场化筹融资环境条件较好

投融资体制的改革以及市场化进程的不断推进，我国的投融资政策更加规范，金融工具更加多样化，市场化手段不断完善，资本市场更加活跃，这些都为农村水利基础设施建设的资金筹措提供了有利条件。

目前，水利工程建设可使用的筹融资金融工具很多。其中主要有政策性金融机构贷款、银行业金融机构的银团贷款、企业（公司）债券、中期票据等多种债务融资工具。在国家相关政策中，针对基础设施和公共服务领域的特点，更是提出了多个鼓励创新和应用的投融资渠道，具体包括产业投资基金、基础设施领域不动产投资信托基金（REITs）、基础设施长期债券等。这些金融工具已经被我国许多水利工程项目所采用。

### 五、市场主体的多元化初步形成

在振兴乡村战略实施过程中，政府依然起着主导作用，应通过宣传和出台优惠和

有吸引力的政策，鼓励企业和非营利组织等社会力量参与进来，推进农村公共产品供给主体多元化格局的形成，促进市场供给的健康发展，拓展非营利组织供给的广阔空间，满足农村居民对公共产品多样化、多层次的需求。我国农村公共产品供给主体向多元化方向发展，这是市场经济条件下的必然趋势。理论上，运用市场机制在农村公共产品供给中进行资源配置，可以提高供给效率和质量，促进农村公共产品供给形式的优化完善，从而减轻政府的财政压力。

# 第二章

# PPP 政策与 PPP 模式

## 第一节　PPP 模式的提出与推进

### 一、PPP 模式的提出

我国的政府和社会资本合作（Public Private Partnership，PPP）模式，是指政府部门通过与社会资本建立伙伴关系来提供公共产品或服务的一种方式。这种模式源于 2013 年的中共中央《关于全面深化改革若干重大问题的决定》，报告提出了允许社会资本通过特许经营等方式参与城市基础设施的投资和运营，将其作为公共服务和基础设施建设项目的一种运作模式，对有吸引力的项目为民间资本留出适当的投资空间。从基本国情和发展阶段出发，2014—2018 年间，国家采取了积极政策的方式，在传统基础设施和公共服务领域，推广和使用 PPP 模式，明确了通过特许经营、政府购买服务等方式，制定价格、金融等方面的支持措施，稳定 PPP 项目预期收益，吸引社会资本参与。这种模式的背景和推进方式，与过去采用特许经营等方式吸引社会资本，有所不同。

### 二、PPP 模式的推进

我国是通过政策推动 PPP 模式发展的。据笔者的统计，2014—2018 年国务院和有关部门以及地方印发的有关 PPP 模式的相关文件多达 200 多件，出台了多项鼓励和吸引社会资本参与传统基础设施和公共服务领域建设运营的政策，明确了 PPP 模式实施重点领域、合作方式、PPP 项目操作办法。财政部、国家发展改革委以及其他相关部门，都围绕各自主管方向和工作领域，在制度建设、政策扶持、能力建设、示范引领、信息公开等方面，建立 PPP 模式实施机制，规范和完善 PPP 模式全过程管理制度，吸引、鼓励和推进社会资本参与。

在推动 PPP 模式发展过程中，政府文件密集出台以及媒体的宣传，大多数情况下都被解读为新的融资工具，社会反响大，从而带动了社会资本、市场主体参与的积极性。随着 2019 年规范 PPP 模式发展政策的印发，使得社会对 PPP 模式有了新的认识，PPP 项目数量也随之大幅下降。

我国对 PPP 项目有着较为严格的要求，主要指的是按照有关政策所规定的程序和要求来运作的项目。从总体上看，PPP 模式不仅是一种融资手段，也是一种运营管理模式，主要用于公共服务和基础设施等公益性和准公益性领域。

## 第二节  PPP 模式的政策情况

正如前文所述，我国的 PPP 模式是以政策方式推进和实施的。因此，要正确认识和掌握这种模式，就必须全面了解 PPP 模式相关政策。我国 PPP 模式及其推进的政策主要有国家、部门及地方政府发布的文件。

### 一、2014—2018 年出台的相关政策情况

#### （一）国务院发布的相关文件

国务院发布的一系列政策文件，以其政府的权威和影响力，对我国 PPP 模式发挥着重要的引导、推动和执行作用。这些政策文件以国发和国发办文件为主，而且数量不少，其中大多数文件可在中国政府网站"政策文库"中查询。以下为其中一部分的文件名。

（1）《关于加强地方政府性债务管理的意见》（国发〔2014〕43 号）：明确了政府通过特许经营权、合理定价和财政补贴等事先公开的收益规则，保障投资者享有长期稳定收益。

（2）《关于创新重点领域投融资机制鼓励社会投资的指导意见》（国发〔2014〕60 号）：提出了生态环保、农业和水利工程、市政基础设施、交通运输、能源、信息和民用空间、社会事业等 7 个鼓励发展的重点领域。

（3）《关于进一步激发民间有效投资活力促进经济持续健康发展的指导意见》（国办发〔2017〕79 号）：进一步鼓励民间资本参与政府和社会资本合作（PPP）项目，促进基础设施和公用事业建设。

（4）《关于创新农村基础设施投融资体制机制的指导意见》（国办发〔2017〕17 号）：提出要破除体制机制障碍，引导和鼓励社会资本投向农村基础设施领域，提高建设和管护市场化、专业化程度。

（5）《关于推进社会公益事业建设领域政府信息公开的意见》（国办发〔2018〕10 号）：要求及时准确公开政府和社会资本合作提供公共服务的相关信息。

（6）《关于聚焦企业关切进一步推动优化营商环境政策落实的通知》（国办发

〔2018〕104 号）：加大对符合规定的 PPP 项目推进力度，督促地方政府依法依规落实已承诺的合作条件，加快项目进度。

（7）《关于保持基础设施领域补短板力度的指导意见》（国办发〔2018〕101 号）：提出要着力补齐水利、农业农村、公共服务、城乡基础设施等领域短板，规范有序推进政府和社会资本合作（PPP）项目，撬动社会资本特别是民间投资投入补短板重大项目。

### （二）主要部委印发的文件

财政部和国家发展改革委印发了大量的政策文件，进一步界定和规范了 PPP 的内涵、项目范围、项目的操作方法、合作方式、回报机制和退出机制等内容，提出了对于存量 PPP 项目以及新增 PPP 项目的规范管理和监管的要求。在实操层面，财政部和国家发展改革委分别建立了 PPP 项目库、PPP 推介项目库等，以此来吸引社会资本积极参与进来，引导各地积极推进 PPP 模式，并为其提供可参考和借鉴的操作经验。行业部门也从各自项目特点提出了 PPP 项目的实施办法，以及相关支持政策，推进和落实 PPP 模式。

#### 1. 国家发展改革委印发的文件

《关于开展政府和社会资本合作的指导意见》（发改投资〔2014〕2724 号），《传统基础设施领域政府和社会资本合作（PPP）项目资产证券化相关工作的通知》（发改投资〔2016〕2698 号），《基础设施和公用事业特许经营管理办法》（国家发展改革委等部门令 2015 年第 25 号），《关于推进开发性金融支持政府和社会资本合作有关工作的通知》（发改投资〔2015〕445 号），《传统基础设施领域实施政府和社会资本合作项目工作导则》（发改投资〔2016〕2231 号），《关于鼓励民间资本参与政府和社会资本合作（PPP）项目的指导意见》（发改投资〔2017〕2059 号），《政府和社会资本合作（PPP）项目专项债券发行指引》的通知（改办财金〔2017〕730 号），《关于依法依规加强 PPP 项目投资和建设管理的通知》（发改投资规〔2019〕1098 号）等。

#### 2. 财政部印发的文件

《关于推广运用政府和社会资本合作模式有关问题的通知》（财金〔2014〕76 号），《政府和社会资本合作模式操作指南（试行）》（财金〔2014〕113 号），《政府和社会资本合作项目政府采购管理暂行办法》（财库〔2014〕215 号），《关于规范政府和社会资本合作（PPP）综合信息平台项目库管理的通知》（财办金〔2017〕92 号），《关于规范金融企业对地方政府和国有企业投融资行为有关问题的通知》（财金〔2018〕23 号）、《关于进一步加强政府和社会资本合作（PPP）示范项目规范管理的通知》（财金〔2018〕54 号）、《关于推进政府和社会资本合作规范发展的实施意见》（财金〔2019〕10 号）等。

3. 水利及涉水相关领域印发的文件

《关于鼓励和引导社会资本参与重大水利工程建设运营的实施意见》（发改农经〔2015〕488 号），《关于开展社会资本参与重大水利工程建设运营第一批试点工作的通知》（发改办农经〔2015〕1274 号），《关于推进水污染防治领域政府和社会资本合作的实施意见》（财建〔2015〕90 号），《政府和社会资本合作建设重大水利工程操作指南（试行）》（发改农经〔2017〕2119 号），《水利发展资金管理办法》（财农〔2019〕54 号），《关于推进水利基础设施政府和社会资本合作（PPP）模式发展的指导意见》（水规计〔2022〕239 号）等。

## 二、2019—2020 年出台的相关政策情况

2019 年和 2020 年分别是 PPP 模式实施以来的第 6 年和第 7 年，国家出台的政策更侧重于对这一模式的深耕细作，其最突出的特点是行业特色显著，分行业操作范本不断出台。在此期间印发的政策文件，对规范管理、乡村振兴、生态环境、改善营商环境等方面，提出了新的政策要求和规定，这对发挥 PPP 模式的市场机制、提高政府基础设施和公共服务供给能力起到了积极的影响和作用。

### （一）《关于推进政府和社会资本合作规范发展的实施意见》

2019 年年初，财政部就印发了《关于推进政府和社会资本合作规范发展的实施意见》（财金〔2019〕10 号），在重申原要求的同时，进一步明确了前期存在的突出问题，如隐性债务、财政支出责任范围、政府付费等。这一文件直面实务性问题，采用正负面清单方式，明确规定了财政 10％红线、平台充当社会资本、政府付费项目、资本金等政策要求和边界条件，对严重不合规的项目进行了退库，政策观点非常鲜明和冷峻，这对 PPP 模式发展热度起到了降温冷却、理性回归等作用，力促 PPP 政策的实施回归出发点。政策要点如下：

（1）对于财政支出责任的 10％红线，明确了为一般公共预算支出，规定了新签约项目不得从政府性基金预算、国有资本经营预算安排 PPP 项目运营补贴支出。

（2）对于项目资本金，规定项目公司股东以自有资金缴纳资本金，不得"以债务性资金充当项目资本金"，因资本金审查实行穿透原则，传统的只要不是借款人的债务性资金的做法就难以使用。

（3）对于社会资本，规定本级政府所属的各类融资平台公司、融资平台公司参股并能对其经营活动构成实质性影响的国有企业不能作为社会资本。

（4）对于政府付费的项目，文件留出了合理的空间。为了避免对既有（存量）项目带来较大影响，文件明确了新老划断的做法。

（5）明确了 PPP 项目的要求：①属于公共服务领域的公益性项目，合作期限原则上不少于 10 年，并按照规定进行物有所值评估和财政承受能力论证；②社会资本

负责项目投资、建设、运营并承担相应风险,政府承担政策、法律等风险;③建立了完全与项目产出绩效相挂钩的付费机制,明确了不能通过降低考核标准等方式,提前锁定和固化政府支出责任;④项目资本金要符合国家规定比例,项目公司股东以自有资金按时足额缴纳;⑤政府方签约主体应为县级及县级以上人民政府或其授权的机关或事业单位等。

**(二)《关于依法依规加强 PPP 项目投资和建设管理的通知》**

2019 年 6 月,国家发展改革委印发的《关于依法依规加强 PPP 项目投资和建设管理的通知》(发改投资规〔2019〕1098 号),进一步界定了 PPP 项目相关难点问题,特别是发改部门对 PPP 项目的管理权限。

(1)强调 PPP 项目可行性论证的重要性。论证的结果将直接影响 PPP 是否可以通过。论证的内容主要包括:政府投资的必要性、方式比选、项目的全生命周期成本、运营效率、风险管理和是否有利于吸引社会资本参与等方面。

(2)强调 PPP 项目实施的程序。要求 PPP 项目按审批制、核准制和备案制三种形式开展可行性研究的论证工作。其中,对于审批制的 PPP 项目,强调可研报告审批通过后,方可开展 PPP 实施方案审查、社会资本遴选工作,从而明确了 PPP 项目与政府投资项目的前期工作和建设管理程序衔接方面存在的模糊性问题。

(3)确保社会资本的选择更加公平,更加具有竞争性,有利于消除对民间资本参与 PPP 项目的隐性障碍。

(4)强调 PPP 项目资本金出资管理,加强对政府隐性债务的防范和控制。要求投资项目资本金是非债务性资金,项目法人不承担这部分资金的任何利息和债务。这一内容与之前政策一致。由于政策不断强调 PPP 项目的资本金要求,对于试图通过回购资本金、承诺保底收益的做法受到限制,从而进一步加强地方政府隐性债务风险的防控。

(5)强调 PPP 项目全过程监管,明确发改系统在 PPP 项目履约监管的定位。要求 PPP 项目需进行"在线平台"登记,使用"全国投资项目在线审批监管平台"生成的项目代码办理各项审批手续。规定全国 PPP 项目信息监测服务平台信息审核实行属地管理,未录入全国 PPP 项目信息监测服务平台的项目为不规范项目。对比财政部 PPP 综合信息平台内容,该项要求更偏重于 PPP 项目实施过程中对社会资本履约能力的监督检查,以防止因社会资本超出自身能力过度投资、过度举债,或因公司股权、管理结构发生重大变化等导致项目无法实施。

**(三)《水利发展资金管理办法》**

2019 年 6 月,财政部、水利部印发的《水利发展资金管理办法》(财农〔2019〕54 号)(以下简称《办法》),以进一步规范中央财政水利发展资金管理。《办法》中有两处提到社会资本,明确提出鼓励采用 PPP 模式。

(1)《办法》明确提出,鼓励采用 PPP 模式开展水利工程项目建设,创新项目投资运营机制，遵循"先建机制、后建工程"原则，坚持建管并重，支持农业水价综合改革和水利工程建管体制机制改革创新。这一规定表明农村水利工程的 PPP 项目，可以将水利发展基金用于非经营性水利工程设施、农村饮水工程维修养护。

（2）在水利发展基金结余资金的处理上，《办法》规定，属于政府与社会资本合作项目，按国家相关规定办理，但并未明确具体政策文件，预留了拓展空间。

### （四）《污水处理和垃圾处理领域 PPP 项目合同示范文本》

2020 年 2 月，财政部办公厅印发《污水处理和垃圾处理领域 PPP 项目合同示范文本》（财办金〔2020〕10 号），针对污水处理和垃圾处理这两个市场化程度较高的领域，推行 PPP 项目专用合同示范文本。该文件是继 2014 年《PPP 项目合同指南（试行）》（财金〔2014〕156 号）之后，首个面向特定行业的 PPP 项目合同文本，对推动我国污水、垃圾处理领域 PPP 项目的实施与规范化具有重要意义。除了以示范文本的形式推进项目加速落地外，还强调要加强项目前期准备和合同管理工作，推行"污水处理厂网一体化"合作机制。

### （五）《政府和社会资本合作（PPP）项目绩效管理操作指引》

2020 年 3 月，财政部印发的《政府和社会资本合作（PPP）项目绩效管理操作指引》（财金〔2020〕13 号），明确了绩效管理的内容和评价标准，对项目运营的每一个环节都提出了标准化的考核要求与量化的约束标准，这有利于规范、有效地开展 PPP 项目的绩效管理，解决了 PPP 项目绩效管理"无规可依"的问题。与之前的定性要求相比，这一文件体现出对于 PPP 项目绩效管理政策上逐步深入、逐步细化的结果，有利于保护 PPP 项目参与各方的合法权益，规范化推进 PPP 项目实施。除此之外，文件还明确指出，各级行业主管部门应当根据自己的行业特点，根据绩效管理相关制度的要求，制定出适合本行业和领域的绩效管理实施细则。

### （六）《城镇生活污水处理设施补短板强弱项实施方案》和《城镇生活垃圾分类和处理设施补短板强弱项实施方案》

2020 年 7 月 28 日，国家发展改革委和住房城乡建设部联合印发了《城镇生活污水处理设施补短板强弱项实施方案》（发改环资〔2020〕1234 号），随即于 31 日，国家发展改革委、住房城乡建设部和生态环境部联合印发了《城镇生活垃圾分类和处理设施补短板强弱项实施方案》（发改环资〔2020〕1257 号），两方案要求统筹发挥政府和市场"两只手"的作用，合理设计资金保障方式，拓宽财政资金投入渠道，调动金融和社会资本投入的积极性等方面，保障资金来源。文件提出，要吸引金融机构和社会资本参与建设运营，充分发挥市场在资源配置中的决定性作用，规范有序推广 PPP 模式；推广区域内不同盈利水平的项目打包建设、运营；鼓励中央企业履行社会责任，发挥其在建设和经营方面的专业和规模优势；明确了给予中长期信贷支持、发放企业债券等资金募集渠道、推进不动产投资信托基金试点、探索项目收益权、特许经营权等质押融资担保等多渠道多层次筹资方式。提出要真正引入社会资本，弥补基础设施建设的短板弱项，就要建立长期投资回报机制要求。

**（七）《社会资本投资农业农村指引》**

2020 年 4 月 13 日，农业农村部印发了《关于印发〈社会资本投资农业农村指引〉的通知》（农办计财〔2020〕11 号），这是第一个全国性的社会资本投资农业农村指导性文件。在这份文件中，明确了投资的重点产业和领域，提出推广 PPP 模式的实施路径和机制，优先支持农业农村基础设施建设等有一定收益的公益性项目，同时还鼓励社会资本探索通过资产证券化、股权转让等方式，盘活项目存量资产，丰富资本进入退出渠道。鼓励有实力的社会资本结合地方农业产业发展和投资情况，规范有序设立产业投资基金，创新政府和社会资本合作模式等诸多激励措施。

**（八）《关于推进基础设施领域不动产投资信托基金（REITs）试点相关工作的通知》**

2020 年 4 月，中国证监会、国家发展改革委联合印发的《关于推进基础设施领域不动产投资信托基金（REITs）试点相关工作的通知》（证监发〔2020〕40 号），提出了开展 REITs 试点工作以及具体操作办法。随后，国家发展改革委印发了《关于做好基础设施领域不动产投资信托基金（REITs）试点项目申报工作的通知》（发改办投资〔2020〕586 号），明确提出要聚焦重点区域和重点行业，优先支持基础设施补短板项目，鼓励新型基础设施项目开展试点，其中，涉水领域主要包括城镇污水垃圾处理及资源化利用、城镇供水等。

文件中明确指出，PPP 项目可以申报 REITs 试点，但必须满足一定的条件，也就是在 2015 年以后，通过竞争方式确定社会资本的项目，同时，还要符合 PPP 模式的实施要求，以使用者付费为主，并且项目运行稳健。

**（九）《关于授权和委托用地审批权的决定》**

2020 年 3 月，国务院印发了《关于授权和委托用地审批权的决定》（国发〔2020〕4 号），将原必须由国务院授权的永久基本农田以外的农用地转为建设用地的审批事项，授权给各省、自治区、直辖市人民政府批准，设立部分试点省份，授权永久基本农田转为建设用地和批准土地征收审批事项，期限为 1 年，但同时也要求不得将承接的用地审批权进一步授权或委托。

取得土地使用权、获取土地增值收益是 PPP 项目增效的一种措施，也是审批过程中的难点，用地审批权的改革，增加了地方政策土地审批的自主权，减少了土地使用审批的流程和时间，使得 PPP 项目更具有灵活性和时效性，有利于社会资本参与项目的推进。

### 三、2021—2022 年出台的相关政策情况

2021 年、2022 年是我国 PPP 模式实施以来的第 8、第 9 个年头，也是疫情防控

期间。为了稳定经济大盘，防范金融风险，稳定市场预期，提高社会资本、民间投资的积极性，一方面，遵循适当超前的投资政策导向，采取多种措施，加大基建投入，大力推进基础设施建设，包括专项债、优惠的金融政策等，这期间，水利投资成为拉动经济的主力军。另一方面，通过盘活存量资产，合理扩大有效投资，降低政府债务风险和企业负债水平。

**（一）《引导社会资本参与盘活国有存量资产中央预算内投资示范专项管理办法》**

2021 年 2 月，国家发展改革委印发《引导社会资本参与盘活国有存量资产中央预算内投资示范专项管理办法》（发改投资规〔2021〕252 号）中，从支持的重点领域、重点区域、重点项目三个方面，明确了支持的范围、支持方式、支持比例等内容。其中，重点支持领域包括了：盘活存量难度大、对形成投资良性循环示范性强的交通、市政、环保、水利、仓储物流等基础设施补短板行业，以及新型基础设施项目。在资金支持方面，按照项目阶段，分为二类：一是对盘活存量资产取得实质进展，使用回收资金投入的新项目已处于开始推进前期工作阶段的，根据进展情况，以项目前期工作费方式，对回收资金投入的新项目给予一定支持；二是对回收资金投入的新项目已处于基本具备开工建设条件或已开工建设阶段的，按照项目投资规模、投资缺口、示范意义等因素，通过投资补助或资本金注入等方式，给予一定的支持。

需要注意的是，采用 PPP 模式盘活存量资产时，不得为纯政府付费项目，如涉及政府付费，政府资金来源应稳定可靠❶。

**（二）《关于加强地方国有企业债务风险管控工作的指导意见》**

2021 年 2 月，国务院国有资产监督管理委员会印发了《关于加强地方国有企业债务风险管控工作的指导意见》（国资发财评规〔2021〕18 号），特别指出"严控低毛利贸易、金融衍生、PPP 等高风险业务"，要求央企健全 PPP 业务管控体系，妥善开展PPP 业务；而在 2017 年国资委印发的《关于加强中央企业 PPP 业务风险管控的通知》（国资发财管〔2017〕192 号）文件中，提出了央企开展 PPP 业务的严格准入条件，提出了提高项目质量、严格规模控制，防止推高债务风险、优化合作实现风险共担、责任追究等要求。这也就意味着，无论是中央企业还是地方企业，在 PPP 项目上都受到了限制。

自从国家推行 PPP 模式以来，国有企业已经成为了 PPP 市场中的主要力量，PPP 业务也是几大央企的一个重要增长板块，在推广 PPP 模式方面发挥了很大的作用。上述文件对国有企业参与 PPP 项目显得更加慎重，将其定义为高风险业务，有其自身持续发展的原因，也就是要合理防范国有企业债务风险，这警示 PPP 项目要

---

❶ 关于抓紧编报引导社会资本参与盘活国有存量资产中央预算内投资示范专项 2022 年投资计划的通知。

平稳进行，以保障各方利益的实现，才具有可持续性。

**（三）《关于进一步盘活存量资产扩大有效投资的意见》**

2022 年 5 月，国务院办公厅印发了《关于进一步盘活存量资产扩大有效投资的意见》（国办发〔2022〕19 号），提出规范、有序推进 PPP 模式发展。鼓励具备长期稳定经营性收益的存量项目，采用 PPP 模式盘活存量资产。社会资本通过创新运营模式、引入先进技术、提升运营效率等方式，有效盘活存量资产并减少政府补助额度的，地方人民政府可采取适当方式，通过现有资金渠道，对其进行奖励。

**（四）《关于做好盘活存量资产扩大有效投资有关工作的通知》**

2022 年 7 月，国家发展改革委办公厅印发了《关于做好盘活存量资产扩大有效投资有关工作的通知》（发改办投资〔2022〕561 号），提出要推动切实抓好存量资产盘活，建立资产台账，采取精准有力、灵活多样的方式，加大配套政策扶持力度，落实盘活条件，开展试点示范，加快资金回笼。其中，文件提出盘活不同类型存量资产项目的方法，主要有两种，即 REIT 和 PPP。此外，也可通过产权交易、并购重组、不良资产收购处置、混合所有制改革、市场化债转股等优化整合方式，盘活存量资产。

然而，采用 PPP 模式盘活存量资产时，还要在常规审核的基础上增加三条规定：①进一步要求实控人为本级政府平台公司的国有企业不得作为社会资本（上市公司除外），参与存量 PPP 项目的社会资本须具备同类型项目的运营管理经验和能力，特别是以联合体方式参与的社会资本，应至少有一家具有运营管理经验能力；②规范国有资产转让程序，严禁通过 PPP 项目等方式，规避国有资产转让流程；③要加强转让收入管理。

**（五）《关于进一步推动政府和社会资本合作（PPP）规范发展、阳光运行的通知》**

2022 年 11 月，财政部印发了《关于进一步推动政府和社会资本合作（PPP）规范发展、阳光运行的通知》（财金〔2022〕119 号），重申了此前的相关规定，延续了近几年来对 PPP 项目的严格监管政策，包括财政承受能力、防止虚增财政收入、防范隐性债务风险等方面。在经济增长乏力、地方财政吃紧、专项债发行量较大的情况下，由于专项债投资领域和 PPP 基本重合，而 PPP 模式的操作，相对较为复杂，即使在当前迫切需要稳定固定资产投资的情况下，从 2019—2022 年的情况来看，地方政府在选择投融资模式的时候，往往会优先选择政府债券模式，这是 PPP 项目数量下降的原因之一。

**（六）《关于进一步做好社会资本投融资合作对接有关工作的通知》**

2022 年 4 月，国家发展改革委办公厅印发《关于进一步做好社会资本投融资合作对接有关工作的通知》（发改办投资〔2022〕233 号）提出，坚持新建和存量并重，积极选择适宜盘活的存量项目，通过产权交易、存量和改扩建有机结合、挖掘闲置低效资产价值等多种方式，吸引社会资本参与盘活；要求持续加强社会资本投融资合作对接，优先支持具备持续盈利能力的存量项目，采用政府和社会资本合作（PPP）方式，鼓励金融机构加大支持力度，加大盘活存量资产的支持力度。

**（七）《关于进一步完善政策环境加大力度支持民间投资发展的意见》**

2022 年 11 月，经国务院同意，国家发展改革委印发《关于进一步完善政策环境加大力度支持民间投资发展的意见》（发改投资〔2022〕1652 号），提出要进一步完善政策环境，加大对民间投资项目融资支持力度，引导金融机构积极支持民间投资项目，激发民间投资活力，通过盘活存量和改扩建有机结合等方式，吸引和引导民间投资，积极参与乡村振兴，探索开展投资项目环境、社会和治理（ESG）评价等项目，支持民营企业创新融资方式。支持民间资本通过 PPP 等方式参与盘活国有存量资产，并鼓励民营企业通过产权交易、并购重组等方式盘活自身资产。

**（八）《关于推进水利基础设施政府和社会资本合作（PPP）模式发展的指导意见》**

2022 年 11 月，水利部印发了《关于推进水利基础设施政府和社会资本合作（PPP）模式发展的指导意见》（水规计〔2022〕239 号），提出要加大水利投融资创新力度，积极推进水利基础设施 PPP 模式发展。该文件对水利 PPP 项目的应用范围进行了界定，主要包括国家水网重大工程、水资源集约节约利用、农村供水工程建设、流域防洪工程体系建设、河湖生态保护修复、智慧水利建设。明确 PPP 项目的回报机制，主要是：对重点水源和引调水工程，通过向下游水厂等产业链延伸、合理确定供水价格等措施，保证社会资本合理收益；对河道治理、蓄滞洪区建设、水库水闸除险加固等防洪治理项目，以及河湖生态治理保护、水土保持、小水电绿色改造等水生态修复项目，在加大政府投入的同时，还要充分利用项目所在地的水土资源优势条件，鼓励通过资产资源匹配、其他收益项目打捆、运行管护购买服务等方式，吸引社会资本参与建设运营。

## 四、失效的 PPP 主要政策文件

2020 年 1 月，财政部印发了《关于公布废止和失效的财政规章和规范性文件目录（第十三批）的决定》（中华人民共和国财政部令第 103 号）中，列出《政府和社会资本合作模式操作指南（试行）》（财金〔2014〕113 号）、《政府和社会资本合作项目财政承受能力论证指引》（财金〔2015〕21 号）和《PPP 物有所值评价指引（试行）》（财金〔2015〕167 号）等，为失效的政策文件。

从规范性文件的时效性来看，实际上，2014—2018 年出台的 PPP 政策，大部分已都是失效文件，而国家至今尚未出台 PPP 相关法律法规，因此，以上所列的政策文件效力的下降，这在一定程度上影响了 PPP 模式的发展。

# 第三节  PPP 模式的内涵和操作办法

我国推广使用政府和社会资本合作模式❶，是作为规范的地方政府举债融资机制的一项措施，有着自身的政策背景和实施环境。这一模式在其后，被定义为 PPP 模式❷❸，最终形成了我国的 PPP 模式的标准用语，即：政府和社会资本合作（PPP）模式❹，随着 PPP 模式的推进和发展，政府、社会资本的角色定位、相关的边界条件和要求也越来越清晰，最终形成了中国特色的 PPP 模式的内涵。

## 一、政策中的 PPP 模式定义

政府和社会资本合作（PPP）模式被提出之后，我国多个政策文件进一步明确了其概念和内涵，以这里的三个政策文件为代表。一是《关于开展政府和社会资本合作的指导意见》（发改投资〔2014〕2724 号）中对 PPP 模式的界定。这份文件将 PPP 模式定义为：政府为增强公共产品和服务供给能力、提高供给效率，通过特许经营、购买服务、股权合作等方式，与社会资本建立的一种利益共享、风险分担、长期合作关系，以增强公共产品和服务的供给能力，提高供给效率。二是《关于推广运用政府和社会资本合作模式有关问题的通知》（财金〔2014〕76 号）对 PPP 模式的定义，即政府部门和社会资本在基础设施及公共服务领域建立的一种长期合作关系。通常情况下，由社会资本负责基础设施的设计、建设、运营和维护，并通过"使用者付费"以及必要的"政府付费"等方式，获得合理的投资回报；为保障公共利益的最大化，政府部门要对基础设施与公共服务的价格和质量进行严格监管。这一定义明确了社会资本所承担的主要责任、获得回报的方式，以及政府对社会资本的监管责任。三是《关于在公共服务领域推广政府和社会资本合作模式指导意见的通知》（国办发〔2015〕42 号）中，提出了在能源、交通运输、水利、环境保护、农业、林业、科技、保障性住房、医疗、卫生、养老、教育、文化等领域，采用政府和社会资本合作模式，政府通过竞争的方式，择优选择具有投资、运营管理实力的社会资本，双方按照平等协商的原则签订合同，由社会资本提供公共服务，政府根据服务绩效评估结果，支付相应的对价，确保社会资本得到合理的收益，这是 PPP 模式的基本内涵。

上述 PPP 政策明确了模式的适用范围和采用的合作方式，也就是政府通过特许经营、股权合作等方式，与社会资本建立利益共享、风险分担及长期合作关系，以达

---

❶ 国务院《关于加强地方政府性债务管理的意见》（国发〔2014〕43 号）。

❷ 国家发展改革委《关于开展政府和社会资本合作的指导意见》（发改投资〔2014〕2724 号）。

❸ 财政部《关于推广运用政府和社会资本合作模式有关问题的通知》（财金〔2014〕76 号）。

❹ 国务院《关于国有企业发展混合所有制经济的意见》（国发〔2015〕54 号）。

到增强公共产品和服务供给能力、提高供给效率的政策目的。

## 二、PPP 模式的内涵

PPP 是英文"Public Private Partnership"一词的缩写，原义是公私合营模式，即公共部门与私营企业之间的一种特别的合作方式。如前所述，我国的 PPP 模式，既是国家为了推动经济发展而提出的供给侧结构性改革、高质量发展等改革政策的一部分，同时也是实施这些政策的具体工具。因此，我国 PPP 模式具有自己的特色，并且在争议和发展过程中，形成了自己的内涵。

### （一）政府

在我国 PPP 模式中，第一个 P（Public）指的是政府，即县级及县级以上人民政府或其授权的机关或事业单位（签约主体），政府或其指定的有关职能部门或事业单位作为基础设施和公共服务项目的实施机构，履行政府层面的相关事项。

这里必须明确指出，融资平台、国有企业不能做政府一方，主要有三方面原因。一是从政策层面来看，"政企分开"是改革的宗旨和目标；二是从法律的角度来看，企业没有授予特许经营权和批准项目合同的职权；三是从实施和执行过程看，由于企业缺乏行政管理职能，协调能力弱，得到社会的支持与配合能力不足，特别是涉及拆迁安置的工程。但是，从当前的政策来看，并没有禁止平台公司代表政府入股项目公司，因此，政府可以指定相关机构依法参股项目公司，主要起到知情权指导、增信、撬动社会资本参与等作用，不参与项目公司的商业运营。

### （二）社会资本

第二个 P（Private）指的是社会资本，在英文中，它的意思是"私有资本"，而在我国，"社会资本"指的是已经建立起现代企业制度的国内外企业法人，即依法成立并有效存在的具有法人资格的企业。同时，对于融资平台是否可以作为社会资本的问题，政策强调，必须要满足一定条件，也就是已公告不再承担地方政府举债融资职能的融资平台公司，以及非本级政府下属的融资平台公司及其控股的国有企业（上市公司除外）。

### （三）合作方式

第三个 P（Partnership）指的是合作，也就是政府和社会资本之间的合作，这种合作关系需要根据不同项目的具体情况来选择和确定，通过竞争与契约建立起来。具体的合作方式以政府与社会资本签订契约的方式加以界定，并以契约的形式体现出来。在理论上，这种合作指的是政府与社会资本为提供基础设施或公共服务而建立的各种合作关系。因此，政府和社会资本之间的具体合作方式有很多，包括了BOT（建设—运营—移交）、BOO（建设—拥有—运营）、TOT（转让—运营—移交）、DBOT（设计—建设—运营—移交）等，而 BLOT（建设—租赁—运营—移交）、TOO（转让—拥有—运营）和 DBOO（设计—建设—拥有—运营）等模式，则是这些模式的变体。

我国的 PPP 模式总体上是以政企合作为主，并不是以公私合营为主。

**（四）PPP 模式的基本框架**

我国的 PPP 模式指的是政府和社会资本按照现有规则建立的适宜合作关系，通过各种契约方式，形成一种利益共享、风险分担的长期合作关系（图 2-1）。一般来说，投资规模较大、需求长期稳定、价格调整机制灵活、市场化程度较高的基础设施及公共服务类项目，适宜采用政府和社会资本合作模式。

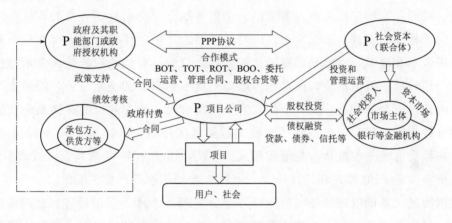

图 2-1　我国 PPP 模式框架

**（五）PPP 模式与特许经营模式**

PPP 模式，与我国在 20 世纪 80 年代中后期推行的特许经营有一定的相似性。在多年的研究和调研中发现，PPP 模式推广和使用过程中，普遍存在着与特许经营模式（即 BOT 模式）辨识的困惑。事实上，两者内核并没有太大差别，主要是政策背景、实施程序和操作要求等方面不同。

1. **特许经营**

1995 年，对外贸易经济合作部印发了《关于以 BOT 方式吸收外商投资有关问题的通知》（外经贸法函〔1994〕第 89 号），原国家计委、电力部、交通部三部委印发了《关于试办外商投资特许权项目审批管理有关问题的通知》，"广西来宾 B 电厂项目"成为第一个 BOT 试点项目。2000 年后，随着国家开始投融资体制的改革和创新，出台了一系列政策，促进民间投资。其中主要有：原国家计委印发的《关于促进和引导民间投资的若干意见》（计投资〔2001〕2653 号），住建部印发的《关于加快市政公用行业市场化进程的意见》（建城〔2002〕272 号）和《市政公用事业特许经营管理办法》（建设部令第 126 号，2004 年）等，成都自来水六厂就是这期间的项目，也是第三个 BOT 试点项目。2004 年国务院出台了《关于投资体制改革的决定》（国发〔2004〕20 号），放宽了对民间资本投资审批条件，拓宽了投资领域，并于 2005 年发布了《关于鼓励支持和引导个体私营等非公有制经济发展的若干意见》❶（共 36 条，在社会上简称 36 条），首次明确规定民间资本可进入能源、通信、铁路、航空、石化等领域，并提出支持民间资本投资、建设和经营公共基础设施的相关要求，从那时起，以 BOT 模式为主的政府工程项目开始发展，如北京奥运会场馆项目、深圳地铁四号线项目等。

2010 年，国务院印发了《鼓励和引导民间投资健康发展的若干意见》（国发〔2010〕13 号），鼓励国内外的民间资本通过各种形式参与基础设施和公用事业的建设和运营。按照国家的总体部署，各部门、全国各地也纷纷出台了各自的实施办法和方案，推出了相应的项目，如北京地铁四号线项目。之后，伴随着国家推出一系列刺激经济的积极财政政策，也就是俗称的"四万亿"投资，各地政府纷纷成立地方投融资平台，为建设项目筹措资金。随着地方政府融资平台实力的不断增强，给地方政府带来足够的建设资金的背后，实际上是政府信用的背书，地方政府的显性债务和隐性债务问题日益严重，相应地，特许经营模式也陷入了停顿。2013 年，国家提出 PPP 模式后，在社会上也一度被认为是上述模式的延续，由于 2019 年后监管红线政策❷的出台，让很多人对 PPP 模式和特许经营（BOT）之间的区别产生了混淆。

根据我国《基础设施和公用事业特许经营管理办法》❸，基础设施和公用事业特许经营，是指政府采用竞争方式依法授权境内外的法人或者其他组织，通过协议明确权利义务和风险分担，约定其在一定期限和范围内投资建设运营基础设施和公用事业，提供公共产品或者公共服务，并从中获取投资收益。仅从字面上上看，其与 PPP 模式的差别不大。

2. PPP 模式与特许经营模式

从字面上来看，PPP 模式与特许经营模式确实没有太大的区别，不管是所覆盖的项目类别，还是项目的合作方式和方法，都大同小异。但在执行机制方面，两者又有明显的不同，主要表现在以下三个方面。

（1）政策背景和目的不同。PPP 模式是一种化解政府债务，降低政府债务风险，解决政府隐性债务问题的一种方式，这与 BOT 模式有着本质的区别。

（2）管理方式和要求不同。这是由于政策背景和目的不同所导致。相对来说，PPP 模式覆盖的项目类别更加广泛，包括了无现金流的公益性项目、有部分现金流的准公益性项目等，而特许经营主要适用于有现金流的项目，即经营性和准经营性项

---

❶ 国务院《关于鼓励支持和引导个体私营等非公有制经济发展的若干意见》（国发〔2005〕3 号），社会上称为 36 条。

❷ 财政部《关于推进政府和社会资本合作规范发展的实施意见》（财金〔2019〕10 号）。

❸ 《基础设施和公用事业特许经营管理办法》，2015 年 4 月 25 日国家发展改革委、财政部、住房城乡建设部、交通运输部、水利部、人民银行令第 25 号公布，自 2015 年 6 月 1 日起施行。

目。同时，由于 PPP 模式是作为化解政府债务问题的方法之一，不会因为推行 PPP 模式，又新增加政府债务，所以对政府付费的公益性和可行性缺口补助的准公益性项目，做出了严格规定和数量限制，而特许经营模式则没有明确的规定。

（3）监管方式不同。PPP 模式建立了 PPP 项目库，涵盖了项目识别、设立、运行到退出的全过程，对项目实行了全过程的动态监管，社会各界都可以在其中查阅到相关信息，真正做到了公开、透明和社会监督的目标。而特许经营模式采取的是一种传统的行业监管模式，比如在信息公开、项目进展情况等方面，远远不如 PPP 模式。

### 三、PPP 项目操作办法

PPP 项目实施全生命周期管理，涉及项目发起、物有所值评价、财政承受能力论证、政府采购、风险分担、回报机制、绩效评价、资产移交等多个环节（图 2-2、图 2-3）。此外，PPP 项目参与主体法律关系复杂、利益诉求多元化。由于各因素间存在复杂链接，并且与传统操作模式并行，因此需要一套较为明确的规则来对其进行界定。为此，财政部、国家发展改革委以及水利部等部门，印发了 PPP 项目操作指南，明确了 PPP 项目实施的具体步骤和相关环节的要求。目前，实施 PPP 模式的"两评一案"制度，已经成为我国 PPP 模式的标配（图 2-4），对社会资本的参与，发挥了重要的引导和规范作用。

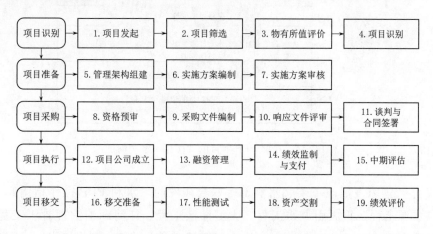

图 2-2　财政部 PPP 项目操作办法❶

### （一）实施流程

2014 年，财政部印发的《政府和社会资本合作模式操作指南（试行）》（财金〔2014〕113 号），是 PPP 模式实施以来最具使用效力的操作办法。该指南分总则、项

---

❶　整理自《政府和社会资本合作模式操作指南（试行）》（财金〔2014〕113 号）。

目识别、项目准备、项目采购、项目执行、项目移交等部分，提出了实施 PPP 项目流程的 5 个阶段、19 个节点（图 2-2）。虽然该文件已失效，但由于缺少其他可替代的政策支撑，实践中仍在使用。

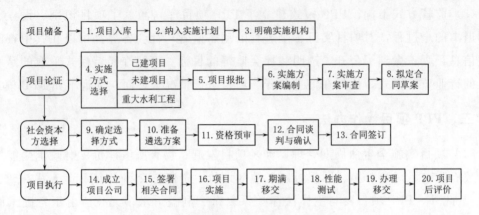

图 2-3　水利 PPP 项目操作办法 ❶

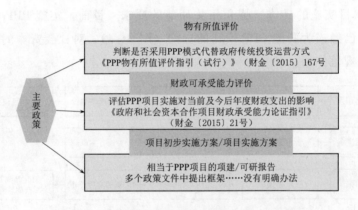

图 2-4　我国 PPP 项目的"两评一案"制度

2017 年，国家发展改革委、水利部等联合印发的《水利 PPP 操作指南》，主要适用于重点水源工程、重大引调水工程、大型灌区工程、江河湖泊治理骨干工程等，但由于难以清晰界定"重大"二个字，故也可适用于其他类型的水利项目。该指南共分为四大部分，涉及 20 个节点（图 2-3），主要内容与财政部的指南大同小异，但在项目类型、投融资方案合并审查等方面有所不同，并有创新性。总体来说，《水利 PPP操作指南》在实际操作层面上的有效性尚不够强，未受到社会和水利业界的足够重视，应用尚不广泛。

---

❶　整理自《水利 PPP 操作指南》。

**（二）前期论证**

按照 PPP 模式的相关政策规定，采用 PPP 模式的项目，必须要完成前期论证工作，也就是项目实施机构应组织编制项目实施方案，财政部门（政府和社会资本合作中心）要对项目实施方案进行物有所值和财政承受能力验证和评价。评估结果通过后，项目实施机构要上报给政府审批，由此形成了我国 PPP 模式的"两评一案"制度（图 2-4）。其中，财政部印发的《PPP 物有所值评价指引（试行）》（财金〔2015〕167 号）和《政府和社会资本合作项目财政承受能力论证指引》（财金〔2015〕21号），分别对物有所值评价方法和财政承受能力论证方法，作了较为详细的阐述和说明，而对于 PPP 项目实施方案的编制和审核等方面，却没有相应的规范，这也是影响 PPP 项目质量的一个重要因素。

**（三）PPP 项目前期决策**

PPP 项目的前期决策是指从项目选择到社会资本选择的过程，是 PPP 项目全生命周期中的前期阶段，它对项目实施具有重要意义。按照相关政策和实践跟踪经验，认为需要把握以下几点。

（1）按照国家基本建设程序的要求，完成建设项目的必要性和可行性研究（含 PPP 项目可行性论证），且取得投资主管部门的批复或核准。

（2）通过财政部门的物有所值评价和财政承受能力论证，且取得相应批复文件，并提请纳入年度财政支出计划和中期财政预算。

（3）实施机构组织相关部门对项目 PPP 实施方案进行审查，审查通过后，报政府专题会议或 PPP 领导小组审查和决策，并取得政府出具的批复文件。实践经验表明，采用 PPP 领导小组审查和决策方式，通常能全面解决 PPP 项目中的各种问题。

（4）申报进入财政部"全国 PPP 综合信息平台项目库"和国家发展改革委的"全国 PPP 项目信息监测服务平台"项目库，完成项目发布。

（5）社会资本的选择除单一来源外，还可采用以下 4 种方式：公开招标、竞争性谈判、邀请投标和竞争性磋商。

# 第四节　PPP 模式的特点

在推进 PPP 模式的过程中，国家不断完善实施机制，明确了操作规程、操作要求、监管办法和激励政策，具有建章立制、多策并举、规范执行等特点，为 PPP 模式的实施提供了多方位的政策推进技术支撑和操作办法。

## 一、PPP 模式具有合规解决融资问题的重要优势

通过对我国 PPP 政策出台背景和相关内容的分析可以看出，国家大力推进 PPP

模式的政策目的，就是通过供给侧结构性改革，化解地方债务引发的债务风险，提高政府投资效率、产能过剩和重复建设以及市场主体活力等一系列问题。此外，PPP 模式可以稳定经济大盘，发挥投资拉动经济增长的作用，同时又不会扩大政府债务，防控隐性债务，是现阶段为数不多的合规融资方式。这是因为 PPP 模式属于表外融资，采用 PPP 模式既能满足政府投资项目的融资需求，又能降低政府债务，是分担投资风险的重要方式。因此，针对我国基础设施和公共服务领域投、建、管等方面存在的问题，PPP 模式的这种独特优势，在一定程度上可以帮助解决资金来源单一、投资效率低下等问题。

PPP 模式既是融资的一种方式，又是经营管理的一种方式。从理论上讲，以水利项目为例，采用 PPP 模式，可以有效地解决水利项目在投资、建设、运营过程中存在的"重建轻管"的问题，是解决水利项目管理主体与投资效益两大难题的有效途径之一。另外，通过 PPP 模式引入社会资本，不仅可以缓解政府财政压力，化解政府债务风险，而且政府也可以从水利公共设施的供给者转为监管者，从而促进政府职能的转变。同时，还可以利用社会力量，充分发挥社会资本在技术与管理等方面的优势和经验，提升政府投资的质量与效率，优化政府投资效率。

尽管 PPP 模式并非纯粹的融资，但是其融资与退出机制却是影响项目落地与成功实施的关键因素。针对这些情况，国家和有关部门相继出台了 PPP 项目资产证券化和专项债券等政策❶，为 PPP 项目提供了融资和退出渠道。具体而言，发行专项债券能够解决 PPP 项目建设阶段的融资问题，而资产证券化则能够解决 PPP 项目运营和退出问题，它是项目实施过程不同阶段的融资工具，两者相互匹配，如果运用得当，将会提高 PPP 模式的项目融资能力与实施效率，对吸引社会资本的参与有很大帮助。

## 二、PPP 模式促进政府投资项目的高质量发展

PPP 模式改变了长期以来由政府提供公共物品的传统模式，通过合作方式提供公共物品，有利于发挥市场机制的作用，提高工程建设的管理水平与运营效率。采用 PPP 模式的项目，因为各利益相关者边界条件清晰，从理论上来说，有利于构建责权利明确的项目管理体制机制。通过项目全生命周期管理，可以在设计阶段进行优化，在建设阶段强化，从而降低后期运营成本。因此，可提高项目的技术、管理、效益等方面的现代化水平。在项目的建设运营阶段，有利于充分发挥政府的监管职能，减少政府日常协调等事务性工作量。同时，PPP 模式有别于 BT 模式，它将建设与运营绑

---

❶ 2016 年印发的《传统基础设施领域政府和社会资本合作（PPP）项目资产证券化相关工作的通知》，以及 2017 年印发的《政府和社会资本合作（PPP）项目专项债券发行指引》。

定在一起，能够解决一些水利项目的运营维护和工程的长效性问题。PPP 模式以其独有的优势和特点，提高了政府投资项目的效益和效率。

但不能否认，在实际操作过程中，受限于实际情况，该模式的理论机制并不能完全实现，存在各种"伪"PPP 模式。然而，随着我国 PPP 政策由早期的积极推动过渡到目前的规范发展、强化监管（图 2-5），明确"伪"PPP 模式的识别方法，提出了项目退出与整改机制，从而推动 PPP 模式向高质量发展方向转

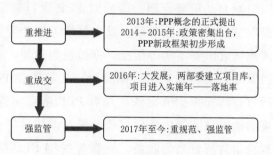

图 2-5　我国 PPP 政策发展阶段特点

变。目前，PPP 模式也已由最初的侧重融资，转向更加注重全生命周期。此外，随着 PPP 项目前期决策的要求变得越来越明确、越来越严格，各利益相关方在前期工作中更加重视前期文件准备的科学性、合理性，加大项目论证的深度，强化项目实施过程中的履约监管，这些政策对 PPP 模式的持续健康发展起到了积极的影响。

### 三、PPP 模式有助于防范新增债务风险

为了防范金融风险，国务院印发了《关于加强地方政府融资平台公司管理有关问题的通知》（国发〔2010〕19 号）、《关于加强地方政府性债务管理的意见》（国发〔2014〕43 号）以及中共中央 国务院《关于防范化解地方政府隐性债务风险的意见》（中发〔2018〕27 号）等一系列文件，加强了对地方政府债务的管理，实行了严格的责任管理措施。在这样的背景下，PPP 模式实施的初期，不少无现金流、纯公益性项目，转向以政府购买服务、PPP 模式方式进行融资，这些融资方式以政府信用为基础，实质上是政府回购，地方债务也因此再次膨胀。正如前文所述，国家推行 PPP 模式的目的之一是为了化解金融风险，不会因此模式带来新的债务规模。正因如此，国家针对在 PPP 模式实施过程中，把不具备条件的项目包装成 PPP 项目的情况，采取了明确正负面清单、资本金穿透、政府不能承诺最低收益率、银行不能以政府背书发放贷款、退库等措施，来强化项目融资监管。国家强力的 PPP 监管政策，无疑会促使各方对 PPP 模式进行理性思考与实践，避免新增债务风险。

### 四、PPP 模式规范执行，严格监管，确保各方利益

PPP 是建立在互惠互利基础上的一种合作机制。在实践中，无论实施方案编制得多么好，或者物有所值评价得分有多么高，归根结底都需要建立在政府和社会资本交易的公平合理和完全信任之上。如果没有互信，交易对任何一方都是不公平的，这对于合作的双方来说都是高风险的。

2014 年至今，为了确保 PPP 的良性发展，在不偏离政策出发点的情况下，PPP 模式经历了繁荣、严格控制和平稳运行三个阶段。目前，基本已经把合规性作为推进 PPP 项目的重要原则。国家对 PPP 项目制定了"红线"政策，包括对项目实施"整改""退出"；名股实债、股东借款等债务性资金，以及以公益性资产、储备土地等方式出资或出资不实等情况，都被视为违规，确保融资主体的资本金来源合法合规；对 PPP 项目实行强制性入库政策，凡是不在 PPP 综合信息平台上的项目，原则上不得通过预算安排支出责任，并对 PPP 项目实行"能进能出"的动态调整机制。随着政策的推进和监管的强化，社会资本也从早期只注重项目工程的建设利润，而忽视项目本身运营所带来的收益，向深度挖掘 PPP 项目运营收益转变。PPP 模式强调政策的规制和监管，其本质也是为了维护和巩固政府和社会资本双方的利益，增强相互信任。

# 第三章

# 农村水利基础设施 PPP 模式的相关要点

吸引社会资本参与农村水利基础设施建设运营（以下简称农村水利项目），就必须在准确地分析与把握农村水利工程特点的基础上，根据建设要求与投资需求等因素，深入了解各类可行的合作方式，对合作机制进行合理的设计，形成既可以满足政府实施要求，又可以吸引社会资本参与的合作机制。

## 第一节　合作模式与运作机制

### 一、主要合作模式

我国的 PPP 模式有多种具体合作方式，在 PPP 模式的监管中，除了 TOT 模式以外，少有对合作方式的要求。其中，财政部相关文件中，提出的操作模式主要有委托运营（Operation & Maintenance，O & M）、管理合同❶（Management Contract，MC）、建设—运营—移交（Build-Operate-Transfer，BOT）、建设—拥有—运营（Build-Own-Operate，BOO）、转让—运营—移交（Transfer-Operate-Transfer，TOT）、改建—运营—移交（Rehabilitate-Operate-Transfer，ROT）和转让—拥有—运营（Transfer-Own-Operate，TOO）等；国家发展改革委相关文件中，提出的操作模式主要有建设—运营—移交（BOT）、建设—拥有—运营—转让（Build-Own-Operate-Transfer，BOOT）、建设—拥有—运营（BOO）等；同时提出，对于存量项目，优先采用改建—运营—移交（ROT）方式。此外，实践中还有建设—租赁—运营—移交❷（Build-Lease-Operate-Transfer，BLOT）等多种模式。

下面将给出这些常用模式的具体含义和操作方法。

---

❶　指政府保留存量公共资产的所有权，将公共资产的运营、维护及用户服务职责授权给社会资本或项目公司的项目运作方式，政府向社会资本或项目公司支付相应的管理费用。

❷　指政府出让项目建设权，由社会资本或项目公司负责项目的融资和建设管理，在项目建成后租赁给政府，并由政府负责项目运行和日常维护，社会资本或项目公司用政府付给的租金收入回收项目投资、获得合理回报，租赁期结束后，项目所有权移交给政府。

## 二、通用模式运作机制

农村水利基础设施项目采用 PPP 模式时，首先需要明确政府方或政府方授权代表。然后，按照项目特点和类型，通过适宜的方式选择社会资本方。社会资本方负责项目总投资除政府方投资外的资金筹措，成立项目公司（Special Purpose Vehicle，直义是特殊目的实体，简称 SPV），通过获取一定年限的经营权，建设运营该项目获得的相关收益作为投资回报，在特许经营期满后，按照约定退出。图 3-1 中给出了 PPP 项目通用模式运作架构。

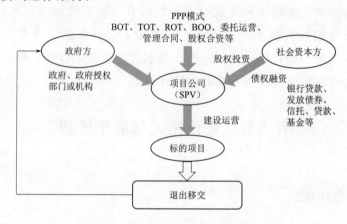

图 3-1　PPP 模式通用模式运作架构

## 三、典型模式运作机制

根据项目类型、项目边界的清晰程度、收益状况、回报机制和风险结构等情况，确定采取具体的合作模式。本部分依据实践情况，列举了其中应用较为广泛的几种模式：BOT、BOOT、ROT、TOT、TBT、DBOT 等。

**（一）BOT（Build-Operate-Transfer，即建设—运营—移交）**

目前，我国 PPP 项目主要采用的是这种方式。其操作机制就是通过政府批准来获取一定期限的项目特许经营权，社会资本通过抵押经营权取得项目融资，在特许期内通过对项目的开发运营，以及当地政府给予的其他优惠，来回收资金并取得收益。在特许期满后，无偿向政府移交项目。在 BOT 模式中，投资者一般要求一定的收益率，双方约定好高于或低于此收益率的利益分配和风险补偿办法。该模式的运作架构如图 3-2 所示。

**（二）BOOT（Build-Own-Operate-Transfer，即建设—拥有—运营—转让）**

该模式在经营权取得、经营方式上与 BOT 模式类似，也就是社会资本方在获得政府特许授权的基础上，参与项目投资建设和经营，但在项目财产所有权上与一般公司相同，即由社会资本方拥有项目所有权。由于该项目的所有权与使用权一直都是由私人部门控制，因此，目前对该模式还有不同的看法与争议。对于 BOOT 来说，无论是在内容还是形式上，它都与 BOT 没有任何区别，只是在项目财产权属关系方面，强调了项目设施在完成之后，归项目公司所有，在特许专营期限结束之后，又把设施转让给政府，从而实现政府对设施的实际所有权。该模式的运作架构如图 3-3 所示。

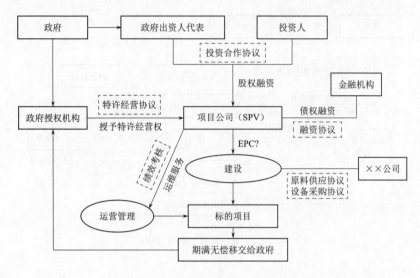

图 3-2　常规 BOT 模式运作架构

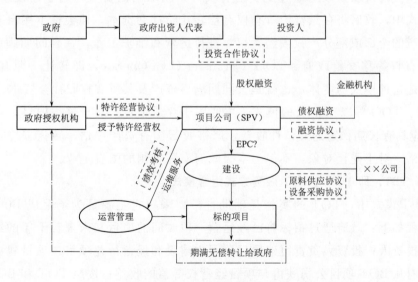

图 3-3　BOOT 模式运作架构

### （三）ROT［Rehabilitate-Operate-Transfer，即改建—运营—移交］

这一模式主要适用于存量项目，指的是社会资本在获得政府特许授予专营权的基础上，对已经过时的项目设施和设备进行改造和更新后，通过经营该项目获得投资回报，约定期满后再移交给政府。ROT 方式是 BOT 方式的一种变体，不同之处在于将"建设"改为"改建"，以水力发电厂为例，在保留原有设施的同时，为提高设施和设备的可用性和效率，只对老化、落后的设备、技术进行改造、升级。该模式的运作架构如图 3-4 所示。

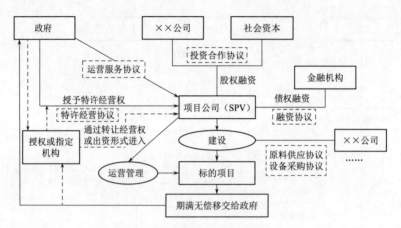

图 3-4　ROT 模式运作架构

### （四）TOT（Transfer-Operate-Transfer，即转让—运营—移交）

这种模式的实质是政府通过变卖已有资产，获取新的资金，用于建设新的项目。在这种模式中，政府将存量资产所有权有偿转让给社会资本，社会资本用自有资金购买水利资产的全部或部分产权或经营权，进行运营和维护工作，在合同期满后，将资产及其所有权等移交给政府。TOO（Transfer-Own-Operate，即转让—拥有—运营）等模式，是这种模式的变体，也就是合同期满后资产及其所有权归社会资本。

TOT、TOO 等以 T 开头的模式，主要用于存量项目。对于这类项目，PPP 政策要求❶，应具有长期稳定的经营性收益，严格履行国有资产评估、转让程序，合理确定转让价格。对于受让对象，不得为本级政府实际控制的国有企业。

### （五）TBT，即 TOT 与 BOT 融资方式组合模式

在 TBT 模式中，TOT 的实施是辅助性的，采用它主要是为了促成 BOT。TBT 的实施过程如下：政府通过招标将已经运营一段时间的项目和未来若干年的经营权无偿转让给投资人；投资人负责组建项目公司去建设和经营待建项目；项目建成开始经营后，政府从 BOT 项目公司获得与项目经营权等值的收益；按照 TOT 和 BOT 协议，投资人相继将项目经营权归还给政府。实质上，是政府将一个已建项目和一个待建项

---

❶　财政部《关于进一步推动政府和社会资本合作（PPP）规范发展、阳光运行的通知》（财金〔2022〕119 号）。

目打包处理，获得一个逐年增加的协议收入（来自待建项目），最终收回待建项目的所有权益。

**（六）DBOT（Design-Build-Operate-Transfe，即设计—建设—运营—移交）**

DBOT 是基于 BOT 模式的变体，是一种可以充分利用社会资本技术优势的模式。理论上，从设计、施工到运营的全过程都是由社会资本来完成的，这样可以优化设计，提高施工质量，降低运营成本，增加收益。

# 第二节 项目性质与合作模式选择

在实际操作过程中，具体的 PPP 运作方式的选择，需要在明确项目类别的基础上，依据项目收费定价机制、项目投资收益水平、项目所在地经济发展状况、风险分配基本框架、融资需求、改扩建需求和期满处置等多种因素，综合判别和确定。

## 一、按项目类别选择合作模式

根据 PPP 相关政策，项目类别可以被划分为三种类型，即新建项目、存量项目和在建项目，项目类别不同，运作模式也不同。

### （一）新建项目

对于新建项目，主要有 4 种可供选择的操作模式。一是特许经营模式。如果新建项目经济效益较好，能够通过使用者付费方式获取合理收益的工程项目，可发采用特许经营合作模式（BOT）。二是组合开发模式。如果新建项目的社会效益和生态效益显著，主要功能是向社会公众提供公共服务为主，对于这类公益性工程项目，可以采用与经营性较强项目组合开发、授予与项目实施有关的资源开发收益权，按流域或区域统一规划实施项目等方式，来提高项目综合盈利能力，吸引社会资本参与。三是特许经营＋补助/补贴/政府参股模式。如果新建项目既有显著的社会效益和生态效益，又有一定经济效益的准公益性工程，可采用特许经营，附加部分投资补助和运营补贴，或直接投资参股的合作方式。四是分块操作模式。在保持项目完整性、连续性的前提下，可将新建项目的主体工程、配套工程等不同建设内容划分为不同的独立板块，根据各个板块的主要功能以及投资收益水平，分别选择合适的合作方式。

### （二）存量项目

对于已建成项目，可以采用项目资产转让、改建、委托运营、股权合作等方式，将项目资产所有权、股权、经营权、收费权等全部或部分转让给社会资本（TOT、TOO），规范有序地盘活存量农村水利项目资产，提高项目运营管理效率和效益。根据《水利 PPP 操作指南》，TOT 模式可以转让水利项目资产的所有权、股权、经营权、收费权等，这些权益可以全部转让，也可以部分转让。

### （三）在建项目

对于正在建设中的项目，可以积极探索引进社会资本来承担项目的投资、建设、运营和管理工作。具体模式可参照上述内容。

## 二、按项目产权性质选择合作模式

### （一）管理类

这种模式主要为委托运营（O & M）和管理合同（MC）等，主要指的是政府采用合理的方式，允许社会资本在期限内对约定的设施进行运营管理，政府保留对资产的所有权，并承担公共资产投资的责任，通过签订目标合同，实现政府特定目的，社会资本获得特定收益。节水合同就是这类模式的典型。然而，与合同能源管理（即EMC）模式的广泛应用不同，目前 PPP 模式中的节水合同尚无实践案例。

### （二）特许经营类

这种模式最基本的原型是 BOT，有多种变化形式，如 BOOT、ROT、TOT 等。在这种类型下，社会资本在特许经营期拥有项目设施的使用权，在特许经营期满后移交给政府。

### （三）产权转让（私有）

这种模式就是政府将项目的所有权转让给社会资本，其典型的特征就是具有两个"O"，分别是"所有"（Own）和"运营"（Operate），即社会资本拥有所有权和运营权。新建项目可采用 BOO 模式，存量（既有）项目可采用 TOO 模式。

产权转让模式可降低政府投资和补贴规模，但不足的是，目前对国有资产产权的界定与转让，还缺少明确的政策规定，且缺乏相应的法律法规，容易造成后期运营中的合规性问题。

### （四）组合方式

所谓组合方式，就是将管理模式、特许经营模式、产权转让模式等多种模式有机结合在一起，形成可持续发展的合作模式，主要包括 BOOT、TOOT、ROOT和"O & M+"。

## 三、按项目盈利能力选择合作模式

根据项目的盈利能力和盈利程度，可将项目分为经营性、准经营性（也称准公益性）和公益性三大类。针对不同的项目，可以采取不同的合作方式。

对于具有明确的收费基础，并且经营收费能够完全覆盖投资成本的经营性项目，可以通过政府授予特许经营权，采用建设—经营—移交（BOT）、建设—拥有—运营—移交（BOOT）等模式。

对于经营收费不足以覆盖投资成本，或者很难形成合理回报，需要政府补贴部分资金或资源的项目，可以采取政府授予特许经营权附加部分补贴或直接投资参股等措施，采用 BOT、BOO 等模式。

对于缺乏"使用者付费"基础，通过"政府付费"回收投资成本的项目，可以采用 BOOT、BLOT、O＆M 和 MC 等模式。

### 四、不同合作模式与风险程度

在上述各种模式中，社会资本参与的程度（自主性）以及项目建设运营中存在的风险与收益各不相同（图 3－5）。一般而言，项目运营要求与条件越明确清晰（较低的自主性），回报机制越是清晰和明确，风险往往越小，投资回报率也不会太高。

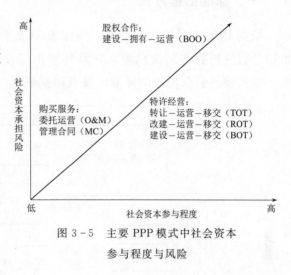

图 3－5　主要 PPP 模式中社会资本
参与程度与风险

在选择合作模式时，需要把握好农村水利工程投资风险，如单纯的农村供水工程，也就是早期的农村饮水安全工程，由于供水量表现出潮汐的特征，而具有较大的投资风险，从而对社会资本的吸引力不大。

## 第三节　投资回报机制的设计

项目投资回报机制是吸引社会资本参与、保持项目质量与持续性的最重要的驱动力，也是 PPP 项目成功实施的重要因素。

根据项目收益特征，我国 PPP 政策明确了三种标准的回报机制，也就是"使用者付费""政府付费"和"可行性缺口补助"。但是，在实践中，农村水利工程公益性强，基本上没有"使用者付费"的项目，而最为适用的"政府付费"和"可行性缺口补助"项目，都受到地方财政实力以及 PPP 项目财政支出责任的限制❶。因此，PPP 模式通过财政支出的方式获取回报的空间有限，必须要深入挖掘其他可行、合规的投资回报方式。总体上，回报机制设计可以考虑以下几个方面：成本是否合理和集约、

---

❶　财政部《关于推进政府和社会资本合作规范发展的实施意见》（财金〔2019〕10 号）明确：每一年度本级全部 PPP 项目从一般公共预算列支的财政支出责任不超过当年本级一般公共预算支出 10％的红线，财政支出责任占比超过 5％的地区，不得新上政府付费项目。在《关于进一步推动政府和社会资本合作（PPP）规范发展、阳光运行的通知》（财金〔2022〕119 号）中，再次强调这一点。

产出是否可计量（量化）、是否有适当激励（正负向）、可以落实到位的定价和调价机制、回报率的吸引力等。这是项目是否具有可融资性的先决条件。

## 一、标准回报方式

依据 PPP 项目的收益情况，国家发展改革委提出了按经营性项目、准经营性项目和公益性项目的回报机制，财政部提出了使用者付费、政府付费和可行性缺口补助。这些都是目前使用的标准的投资回报机制（图 3-6）。

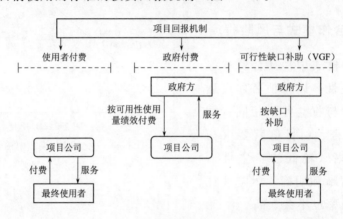

图 3-6 三种标准的投资回报机制

### （一）使用者付费

对于使用者付费项目，因为不涉及政府的支付责任，但由于这类项目是政府向社会资本让渡的一种收费权利，它既是政府间接收入，也是一项公共资源的转让，所以存在着或有隐性的财政支出责任。因此，在政策上也同样要求，这类项目需要按照 PPP 的统一程序，开展物有所值评价和财政承受能力论证，做到公共利益与政府财力的平衡，以利于后续监管和绩效评价。

对于农村水利工程，无论是农村供水还是农田水利，受自然因素和社会活动影响较大，供水量不稳定，且收费基础差，因此，很少有这类项目。

### （二）政府付费

政府付费是指政府直接支付购买公共产品和服务。在公用事业类项目中，政府付费是比较常见的机制。政府付费与使用者付费的不同之处在于付费主体是政府，而不是使用者。在政府付费机制下，按照项目类型和风险分配方案的不同，政府可以根据项目设施的可用性、产品或服务的使用量、质量和绩效中的一个或多个要素的组合，向项目公司支付费用。其主要有以下 3 种方式。

1. 可用性付费

可用性付费是指政府根据项目公司所提供的项目设施或服务，是否符合合同约定的标准和要求而支付的费用。

**2. 使用量付费**

使用量付费是指政府依据项目公司所提供的项目设施或服务的实际使用量付费。在按使用量付费的项目中，项目的需求风险一般是由项目公司来承担的。因此，在按使用量付费的项目中，项目公司往往需要对项目需求有较为乐观的预期，或具有一定的影响力。实践中，对像污水处理和生活垃圾处理这样的公用事业项目，一般都采取按使用量付费的方式。

**3. 绩效付费**

绩效付费指的是政府依据项目公司所提供的公共产品或服务的质量付费，通常会与可用性付费或者使用量付费搭配使用。

对于政府付费模式的项目，在项目运营补贴期间，政府承担全部直接付费责任。政府每年直接付费数额包括：社会资本承担的年均建设成本（折算成各年度现值）、年度运营成本和合理利润。

**（三）可行性缺口补助**

可行性缺口补助，是指使用者付费不能满足社会资本或项目公司成本回收和合理回报的要求，而由政府通过财政补贴、股本投入、优惠贷款和其他优惠政策的形式，给予社会资本或项目公司的经济补助。

根据财政部《政府和社会资本合作项目财政承受能力论证指引》（财金〔2015〕21号）第16条的规定，运营补贴支出应当根据项目建设成本、运营成本和利润水平合理确定，并按照不同付费模式分别测算。其中，对于采用可行性缺口补助方式的项目，在项目运营补贴期间，政府承担部分直接付费责任。政府每年直接付费数额包括：社会资本方承担的年均建设成本（折算成各年度现值）、年度运营成本和合理利润，再减去每年使用者付费的数额构成。其计算公式为

$$当年运营补贴支出数额$$

$$= \frac{项目全部建设成本 \times (1 + 合理利润率) \times (1 + 年度折现率)^n}{财政运营补贴周期}$$

$$+ 年度运营成本 \times (1 + 合理利润率) - 当年使用者付费数额$$

式中：$n$ 为折现年数；财政运营补贴周期指财政提供运营补贴的年数；运营补贴支出数额是指在项目运营期间，政府承担的直接付费责任。

## 二、其他回报方式

从理论上讲，这三个标准的回报方式，能够较好地解决各种类型的农村水利工程的投资收益问题。但是，实际上，这三种回报方式并不完全适用。究其原因，就在于政府投资项目采用 PPP 模式，本质上就在于缺乏资金。我国农村水利工程收费基础

差，即使有明确的收费基础，也难以完全覆盖投资成本，因此，我国农村水利工程很少有使用者付费项目。而对于数量较多的公益性强的农村水利工程项目，就需要有政府付费，才能吸引到社会资本的投资。但是，在政策上有明确的规定，限制这类政府付费项目的数量和规模，这就需要采取其他的补偿和补贴方式。

### （一）投资补助和投资方式

根据《政府投资条例》的有关规定，政府投资可采取资本金注入、直接投资、投资补助、贷款贴息，以及政府投资股权少分红、不分红等多种方式，降低项目实施成本，提高社会资本的投资回报，缓解政府在项目运营过程中的支出压力。

当项目建设投资较大，不能完全由使用者付费来覆盖投资成本、获取回报时，可加大政府方的各类投入，可以无偿提供部分项目建设资金，以缓解项目公司的前期资金压力，降低整体融资成本。一般情况下，政府的投资应在制定项目融资计划时，或签订 PPP 项目合同前确定，并且将其作为一项政府责任，在合同中予以明确。投资补助的拨付通常不与项目公司的绩效挂钩。

### （二）资源补偿方式（RCP）

既要减轻政府筹资难度和压力，也要实现社会资本投资的收支平衡，就需要将一些市场性较强的资源进行匹配，从而在一定程度上弥补农村水利项目收益不足的缺陷。通常情况下（政策允许），政府将项目周边一定数量的资源（如土地、旅游、矿产等）的开发权和收益权，授权给社会资本，通过"捆绑"的方式来提升项目公司的整体收益水平，从而保证项目投资者获得合理的回报。这种方式也称为资源补偿方式❶（Resource Compensation Project，RCP），即选择一种可能产生期望收入的资源项目，去补偿一个财务上不可行的项目，其实质就是一种捆绑方式。

虽然这种方式可以减少政府的投入和付费，将一个公益性项目变成准公益性项目，但由于项目商业开发存在一定的风险，还需要社会资本投入一定的人力物力，所以在对其可行性进行深入分析的同时，还要慎重地选择合适的社会资本。

### （三）价格补贴

农村水利工程属于乡村公共产品或公共服务领域，为平抑公共产品或公共服务的价格水平，保障居民的基本社会福利，政府对农村水利公共产品或服务实行政府定价或政府指导价。因此，由于价格的原因，导致使用者付费不能覆盖项目的成本和合理收益，政府一般会向社会资本提供一定的价格补贴，比如水价补贴。这种补贴，在PPP 项目中是通过可行性缺口补助来实现的。由于供水量与价格是影响投资收益的两个关键因素，因此，当在水价可变性较差的情况下，这种供水补贴方式，本质上是以

---

❶ 王利彬，左洋. 各地资源补偿公路项目的实践和困境 [J]. 交通建设与管理，2022，487（2）：30-33.

供水量为基础的补贴模式。在这种情况下，就需要有一套较为精准的供水预测方案和计划。这是因为，无论供水量是偏大，还是偏小，如果偏离合同约定太多，特别是要由政府来支付较多费用时，往往都不会给双方带来愉快的结果。

除投入的资本金在特许经营期获取合理的回报外，社会资本还可通过合同约定的其他方式获取收益。一是通过优化建设方案，降低建设成本获得收益；二是通过高效率和专业化的运作，社会资本可以降低运营成本，增加收益；三是通过提供增值服务，拓宽收入渠道。

### 三、回报率与收益保底

#### （一）回报率的取值

回报率是 PPP 模式中不能回避的关键问题。由于我国 PPP 政策要求，PPP 模式不得承诺保底收益率，也不得承诺项目实质上的回报率，使得回报率成为较为敏感的问题。农村水利项目的公益性强，在市场需求有限的情况下，不管项目是收费还是不收费，不管项目是否产生现金流，都无法实现投资收益，这在本质上反映了投资的风险性。因此，如果没有一个基本的回报率和回报机制，就难以吸引社会资本。从这一视角看，明确项目的收益率是十分必要的。

基于这一逻辑和背景，明确项目投资回报率是非常必要的。我们可以从以下几个方面来确定农村水利项目的投资回报率。一是根据 PPP 模式和回报机制选择合适的回报率，根据实践情况，回报率在 6.5%～10% 之间比较合适；二是精准设计回报率，也就是根据建设阶段和运营阶段的特征，设置不同的回报率，有效发挥各阶段回报机制的激励作用。

#### （二）避免收益保底

收益保底是我国 PPP 项目监管的重要内容。事实上，越是清晰的回报率和回报机制，越能吸引更多的社会资本。如某农村河道治理 PPP 项目，曾有十几家社会资本竞标。然而，如果明确项目收益率，则有可能出现收益保底问题，而违反相关规定，成为违规项目，须加以整改。这样，明确的收益率，变成了一个双刃剑。

对于农村水利 PPP 项目，笔者再次强调一点，那就是必须明确项目的投资回报率。然而，为了明确这一行为不是收益保底，还需要做到：①回报率为理论上测算值，在实际操作中，应将其作为招标的一项重要内容；②经过全生命周期的风险分配，不是按投资总额测算而得的数值（与贷款利息相似）；③选择社会资本时，投资回报率需要进一步优化，而非一成不变；④必须通过绩效考核后才能获得。

## 第四节　风险识别与风险分配的方案

"收益共享、风险共担"是 PPP 模式的主要原则和根基。在 PPP 项目监管中，风险识别和分配是重要内容，没有明确的风险分配方案，或者风险分配不当，都属于不规范和违规项目。因此，农村水利 PPP 项目要把"风险共担"原则渗透到项目设计中，建立明确和合理的风险识别与风险分配框架。

根据政策和实践情况，农村水利 PPP 项目的风险识别和分配可按照如下一些思路进行。

## 一、主要分配原则

根据国家 PPP 政策的要求，以及农村水利项目特点，风险分配的原则主要有以下两项。

（1）风险应由最善于应对该风险的一方承担，或由最有能力控制该风险的一方承担。

（2）社会资本方负责项目的投资、建设、运营并承担相应风险，政府承担政策、法律等风险。

## 二、风险识别和分配

从目前农村水利 PPP 项目的风险识别和分配的情况来看，风险因素的分类和识别的详尽程度参差不齐，一些项目还缺乏风险防范和解决方案。按照上述风险识别和分配原则，以及 PPP 模式实施中反映的风险问题，为突出责任主体，这里给出了按照风险责任主体划分的风险分析框架（表 3-1），主要内容有风险识别、风险成因、风险后果、以及风险防范方案。

在 PPP 项目特别是在 PPP 合同中，应尽可能地对风险进行量化，明确各类风险解决方案，明晰风险责任量化内容。

表 3-1　　　　　　　　　按责任主体划分的风险分析框架

| 责任主体 | 风 险 识 别 | | 风 险 成 因 | 风 险 后 果 | 风险防范方案（应量化和具体） |
|---|---|---|---|---|---|
| 社会资本方 | 投资、建设、运营 | 融资风险 | 融资结构不合理、资金筹措困难 | 融资失败，导致项目收回 | |
| | | 设计风险 | 设计团队实力不足、工作深度不够 | 增加成本、影响完工 | 人员时间投入等 |
| | | 采购风险 | 选择和设计考虑不充分 | 影响交工 | 合同，保险 |
| | | 完工风险 | 管理方经验不足，工期延误、成本超支 | 工期延误，成本增加 | 保险，总价合同 |
| | | 技术风险 | 采用技术不成熟或不合理、投产后达不到设计要求 | 技术改造，成本增加 | |

续表

| 责任主体 | 风险识别 | | 风险成因 | 风险后果 | 风险防范方案<br>（应量化和具体） |
|---|---|---|---|---|---|
| 社会资本方 | 投资、建设、运营 | 需求变化 | 规划、政策、自然条件等引起 | 项目收入减少，现金流入不足 | 补偿，保底水量 |
| | | 水费收取率低 | 计量、价格、支付意愿、收费基础 | 项目收入减少，现金流入不足 | 事先签约，宣传 |
| | | 运营成本超支 | 产品服务标准提高、运营效率低、其他市场因素 | 项目收益降低 | |
| | | 社会资本方主动退出 | 社会资本中途退出，影响项目正常建设运营 | 资本结构变动，导致项目中止或终止 | 补偿或赔偿 |
| | | …… | …… | …… | …… |
| 政府方 | 政策法规 | 政策法规变化 | 法律法规、宏观政策变化 | 引起项目成本增加、收益降低 | 重新谈判、修改条款 |
| | | | 宏观政策调整造成项目中止 | 项目终止，社会资本退出 | 补偿或赔偿 |
| | | 政策法规不完善 | PPP政策变化、修改 | 引起项目成本增加、收益降低，或导致中止 | …… |
| | | 实施方案偏差（政府发起） | 特许期、价格设置、政府补贴等参数测算过于主观和乐观，偏差很大，导致项目盈利无法达到预期设想 | 收入不如预期，导致项目中止 | …… |
| | | …… | …… | …… | …… |

# 第五节　激励相容与绩效考核机制

农村水利PPP项目的特点是以运营为核心，提高公共服务供给效率和质量，就需要发挥和调动社会资本的优势。绩效考核，既是一种动力，又是一种监管，它可以体现出激励导向，是项目执行阶段履约管理的核心部分。

## 一、激励相容与绩效考核

### （一）激励相容理论

PPP模式是在基础设施和公共服务领域引入的一种市场化机制。通常认为，评价某种机制优劣的基本标准有三个：资源配置的有效性、信息利用的有效性以及激励相容（即激励的一致性）。其中，资源有效配置通常采用帕累托最优标准，有效利用信息要求机制运行需要尽可能低的信息成本，激励相容是企业追求和社会目标的一致。由哈维茨（Hurwiez）创立机制设计理论认为，对于一个经济或社会目标，在自由选择、自愿交换、信息不对称等分散化决策条件下，如果有一种经济机制，能够将参与者的利益追求与政府设定的目标相一致，这种机制称为"激励相容"❶。换言之，激励相容机制可以有效地解决企业利益与社会目标之间的冲突，使企业的行为方式、结果符合社会价值最大化的目标，使企业价值与社会价值的目标一致化。

在 PPP 模式下，将激励相容机制引入绩效评价是非常有必要的。

**（二）激励相容机制的应用**

在 PPP 模式中，设计合理的激励相容机制，则会大大促进其模式目标的实现。一方面，可以激励社会资本有动力去履行合同（核心是有合理的回报，有钱赚）；另一方面，政府能够通过正负向激励措施的绩效考核的监管权，推动社会资本提供更好的服务。因此，项目的回报和激励机制要体现出该目标，也就是考虑是否可以有效降低项目全生命周期的成本，是否具有减少政府投资、增加服务供给等成效；同时，社会资本能够获得最大的收益，从而形成激励相容。

对于农村水利 PPP 项目来说，作为机制设计者的政府，通过构建合理的制度、项目收益分配激励机制措施，建立起有效的相容激励机制，促使社会资本积极配合并充分发挥其主观能动性，让社会资本既能获得最大的利益，又能符合政府所希望的城乡基础设施和公共服务均等化、乡村振兴等建设目标，从而让社会资本可以在有效的激励下，按照政府所希望的目标行动。

## 二、绩效考核的设计思路

**（一）绩效考核内容**

绩效考核需要明确的内容主要如下：

（1）考核周期：包括定期考核与临时考核。

（2）考核方式和考核范围：明确每种考核期的考核方式和覆盖的范围。

（3）考核指标体系，其中一级指标划分为建设期、运营期，如运营期的指标设计可从基本服务保障、高效性等维度来考虑。农村水利 PPP 项目通常属于强运营类项目，运营期也可以采用 KPI 方法设计绩效考核指标，具体包括经济指标和社会指标两个层面，国外的一些 PPP 项目采用这种考核方法。

绩效考核中，最重要的是要根据项目特点，识别和确定关键指标。

在识别考核指标时，要面面俱到，不要有遗漏。但这些指标不一定要全面纳入考核体系中，只选择对项目最为敏感、影响大的指标，不宜过多，过多容易造成主要目标迷失。

（4）明确各类指标的打分办法。根据指标情况，可以采用优、中、差的打分办

---

❶ 提尔曼·伯格斯. 机制设计理论［M］. 李娜，译. 上海：格致出版社，2018.

法，也可以采用有、无的打分办法等。

**（二）基于全生命周期的绩效优化**

PPP项目实行全生命周期管理，也就是对项目从提出到移交的整个过程进行管理。从理论上，实施全生命周期管理有利于提高工程投资的效率和效益，这是因为，在项目实施的每个阶段，都有一定的成本挖掘潜力，而采取合适的激励手段，特别是积极的激励措施，则能使这一效果得到放大。例如，在项目前期阶段，采用招标、造价控制等方式，一般可以将投资规模降低5%（图3-7），或者，在总价合同中，对建设投资结余资金的分配方式进行约定，这样可以激励社会资本节省项目建设投资，同时也有利于控制设计变更。又比如，通过将项目设计、建设、运营一体化，从理论上来说，为了降低后期运营成本，将会提高建设标准和施工质量，这对提升项目的整体效能有很大帮助。在运营期，针对农村水利项目收益风险等问题，明确项目的增值空间，以及定价和调价机制，配合绩效考核指标，能更好地激励社会资本提供优质、可持续的产品与服务。

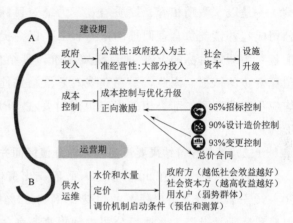

图3-7　建设期和运营期的成本控制与激励措施

**（三）基于激励相容的绩效考核结果应用**

绩效考核结果要体现出正向与负向激励相结合的原则。若考核结果高于一定分值时，则增加社会资本的补贴，反之亦然。可以考虑三个"挂钩"，具体如下：

（1）根据PPP政策的要求，绩效考核结果要与建设成本和可用性付费挂钩。

（2）与履约保函挂钩，考核结果很差时，需要提取履约保函。

（3）与正向激励挂钩，即对社会资本提供高质量的产品或服务，给予额外的奖励等。

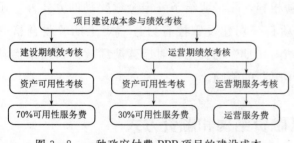

图3-8　一种政府付费PPP项目的建设成本
参与绩效考核方案

考核结果的应用情况如图3-8所示。

## 三、基于激励相容的按效付费方法

由于PPP项目政府方、社会资本方追求的目标在通常情况并不总是完全一致，政府方想通过 PPP 项目的实施为社会公众提供高质量的公共产品或服务，同时平滑财政和支出，减轻债务负担，降低财政支出风险，而社会资本则追求企业收益最大化。为此，需要设计一套有效的绩效管理和监督机制，既能推动社会资本主动进行创新管理，降低项目全生命周期成本，提高公共服务或产品的质量和效率，又能实现政府以最小的支出对价向社会资本支付公共产品和服务，满足社会公众需求。因此，需要建立 PPP 项目绩效评价结果挂钩付费办法。

**（一）针对不同项目特点，拟定多元化的绩效评价结果与付费支出挂钩的办法**

一是以"激励相容、提质增效"为绩效目标的绩效评价，其结果直接作为对项目公司成本补偿支付合理回报的依据。二是以"提高财政资金使用效益和实现资源有效配置"为绩效目标的 PPP 项目绩效评价，其结果作为财政部门审核、拨付 PPP 项目预算资金的依据。因此，要建立绩效评价结果挂钩付费办法。不论哪种挂钩付费办法均应不违背国家、部委相关规定，同时要在 PPP 项目实施方案和 PPP 合同中事先明确约定。

**（二）绩效评价结果要设定明确的分值区间并与政府支出责任下的付费比例挂钩**

例如，考核分值在 90 分以上，政府支出责任下的付费比例为 100%；考核分值在 80～90 分，政府支出责任下的付费比例为 90% 等。明确绩效结果奖惩机制能够有效引导和激励社会资本、项目公司主动提高服务的质量和效果，同时在认定政府付费年度支出金额时提供明确的依据。

**（三）绩效挂钩办法应充分体现"激励相容、按效付费"的 PPP 精髓**

按照 PPP 政策规定，项目实际绩效优于约定标准的，项目实施机构应执行项目合同约定的奖励条款，并可将其作为项目期满合同能否展期的依据；未达到约定标准的，项目实施机构应执行项目合同约定的惩处条款或救济措施。因此，在 PPP 项目操作中，考虑增设奖励条款，体现激励相容，除采取给予一定金额奖励的方式外，还可以创新激励手段，如对社会资本、项目公司建设管控有力且缩短工期验收合格的 PPP 项目，可以约定给予"合作期＋缩短工期"的奖励；对运营期绩效评价结果优异的可以约定"合作期＋延长一定经营年限"的奖励。

# 第六节　项目融资结构和融资方式

PPP 项目是一种全生命周期的融资，它涉及项目的设计、建设、运营、维护和移交等各个阶段的资金需求。除此之外，PPP 模式融资的是有限追索融资，这种方式主要以项目的预期收益、现金流量以及项目资产价值为基础来安排融资内容，项目的各个因素对融资结构和进程有直接的影响，也对项目的成本有较大影响，因此要注重对项目融资结构和融资方式的优化。

## 一、项目投融资结构

从融资结构上看，PPP 项目融资可分为两大类，一类是股权融资，另一类是债务融资。从资金供给主体来看，有政府投资、社会投资两大类。从资金的来源来看，政府层面上，包括各级各类财政资金的直接投入、贷款贴息、债券贴息、基金注资等的间接投入；在社会资本层面，包括资本金投入、债务融资和股权融资等。从融资渠道上看，包括了银行、基金、保险、信托等金融机构以及各类非金融机构和企业。就目前水利 PPP 项目而言，银行贷款是水利 PPP 项目的主要融资方式，其他融资方式尚不多见。

在设计农村水利 PPP 项目融资结构时，要对社会资本的资金使用成本进行充分考虑，对投融资模式进行优化，降低资金成本和政府付费规模，其结构如图 3-9 所示。

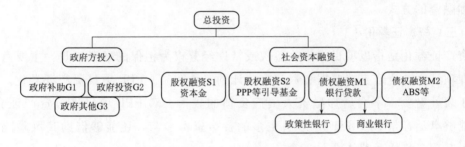

图 3-9　农村水利 PPP 项目的投融资结构

## 二、股权融资

除去政府和社会资本在 PPP 项目中的资本金投入外，PPP 项目的股权融资还可以通过引入股权投资者、股权投资基金以及 IPO 等方式来实现。

## 三、债权融资

我国金融市场的发展过程中，债权融资方式很多，具有多层次的特点，即包括了银行贷款、债券融资等。

### （一）银行贷款

项目从银行贷款是一种常用的融资方式，也是一种最基本、最简便的融资方式。PPP 项目以贷款方式融资，一般具有周期长、金额大的特点，由于该种融资方式属于债务性融资，贷款通常需要社会资本的母公司采取增信措施，负债反映在企业的资产负债表上。PPP 项目特许经营协议与合同，是获得政策性银行、商业银行等信贷机构贷款的重要通行证，往往比非 PPP 项目更具优先性和可行性。

从银行角度，有一定收益的准公益性项目更易获得批准。

**（二）债券融资**

债券融资方式主要是通过银行间市场为主体、交易所市场为补充，此种方式依赖于融资主体的资信水平。从理论上讲，债券资本市场融资同样是 PPP 项目的一种重要融资方式。当前，我国的债券市场融资工具品类较多，但不管是哪一种，它都是以项目公司在项目运营期内产生的收益为基础来发行债券，它的本质是一种以项目产生的经营性现金流作为主要偿债来源的债务融资工具。因此，只要项目未来盈利前景较好，即使项目公司本身资信能力弱，也能以较低的成本进行融资。目前，在 PPP 专项债券政策的支持下，可以运用相关现状融资工具，对农村水利项目进行融资，满足项目不同阶段的资金需求。

除此之外，PPP 项目还可以通过发行公司债、企业债、资产支持票据、项目收益债等债券方式进行融资，特别是成熟的、有稳定现金流的 PPP 项目，可以采用项目收益债融资的方式。

**（三）资产证券化**

资产证券化是指以项目未来收益权或特许经营权为担保的融资工具，主要有资产支持专项计划、资产支持票据和资产支持计划三种产品。PPP 项目资产证券化，本质上属于表外融资，不会增加融资人资产负债的规模。对 PPP 项目进行资产证券化，不仅能够盘活存量 PPP 资产，吸引更多的社会资本参与，还能够借助其风险隔离功能，提升项目稳定运营能力。

资产证券化由证券交易所主导，证券交易所及基金管理子公司作为计划管理人设立并管理资产支持专项计划（SPV），然后通过证券交易所及私募产品报价与服务系统挂牌和转让。交易结构框架如图 3-10 所示。

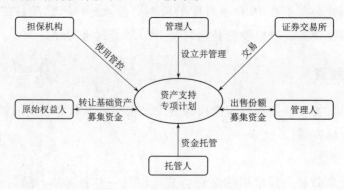

图 3-10 资产证券化交易结构

**四、保险资金融资**

保险资金（以下简称"险资"）因为资金来源渠道便利且广泛，是 PPP 项目的一个融资来源。可以说，险资和信托计划是两种最为灵活的融资方式。根据中国保监会2017 年印发的《中国保监会关于保险资金投资政府和社会资本合作项目有关事项的通知》（保监发〔2017〕41 号）文件中的规定，险资投资 PPP 项目，是指以保险资产管理公司等专业管理机构作为受托人，发起设立基础设施投资计划，面向保险机构等合格投资者，发行受益凭证募集资金，为与政府方签订 PPP 项目合同的项目公司提供融资。投资计划可以通过债权、股权、股债结合等方式，对单一或多个 PPP 项目进行投资。

### 五、PPP 产业基金融资

PPP 产业基金是指对未上市企业进行股权投资，并提供经营管理服务，以期所投资企业发展成熟后，通过股权转让实现资本增值，其本质属于一种私募基金。与采用向银行等金融机构进行贷款的传统融资模式相比，产业基金具有门槛低、效率高、资金量充足、资金募集时间和规模灵活等优势，根据基金发起人的不同，产业投资基金的模式主要分为省政府主导的 PPP 产业基金、金融机构主导的 PPP 产业基金以及产业资本发起的 PPP 产业基金。

### 六、组合融资

PPP 融资涉及的融资机构较多，可使用的融资工具也较丰富。在融资规模较大时，因 PPP 项目投资回报率不高，就必须严格控制融资成本。一般而言，首先要寻求价格较低的金融机构和融资产品。当价格较低的资金无法满足需求时，再寻求其他成本相对较高的金融机构，通过多金融机构、多融资产品的"组合融资"结构，满足项目资金需求。

## 第七节　采用 PPP 模式的相关难点

### 一、PPP 模式涉及领域广、政策性强，对项目前期参与各方要求高

PPP 项目需要经过项目遴选、入库等多个管理环节，涉及"两评一案"、签订各种合同等多个要素，法律和政策涉及面广，管理环节多。长期以来，我国农村水利建设项目以政府投资为主，从资金筹措、规划设计，到建设运营，已经形成了一整套稳定的流程。受投资、回报等多种因素影响，社会资本参与的水利建设运营项目很少。然而，在 PPP 模式下，政府仅作为 PPP 项目前期的决策者，其运作方式有别于传统模式，在管理上存在路径依赖；而 PPP 模式的政策性、专业性，除需要传统模式的工程设计机构参与外，还需要投资机构、咨询机构、财务评估部门的参与，对参与各

方都有着较高的要求。

与传统的建管模式相比较，PPP 项目前期工作内容多，横跨项目管理、合同管理、融资设计、回报测算、绩效考核、项目执行和监管等多个领域，项目操作工作量大、时间长。对于一些深层次的问题，即使已经有了相应的管理办法和操作指南，但是在具体实施过程中，却缺乏行之有效的操作经验和应对方法，影响了项目推进。对咨询机构来说，除了要编写 PPP 项目要求的相关文件之外，还需要对 PPP 模式的公司运营、管理咨询、项目投融资等情况有深刻的理解，同时还需要具备各类水利工程专业技术，以及金融、财务、法律、行业管理等方面的综合知识，才能够为项目提供科学的咨询服务，减少项目执行过程中的可能风险，否则就会给后期项目的实施带来较大隐患，从而增加交易成本和风险。

也正是这种复杂性，大大降低了这种模式的可推广性、可使用性。

## 二、项目公益性强、管理投入多，投资风险较大

农村水利工程的突出特点是涉及面广、单体项目量小但总量大，后期运营社会责任重，管理投入的人员和财力多，特别是对于以小、散、多为典型特征的农村水利工程来说，意味着资金的成本和财务风险较大。鉴于这类项目的风险因素较多，参与各方都比较谨慎。

## 三、项目回报机制建立难，吸引力不够强

农村水利工程多为难盈利或微利项目，使用者付费机制难以建立，不可避免地存在着回报机制建立难的问题。此外，受农村水利工程特点的影响，后期运维需要投入较多人力，而由于 PPP 项目的运营期长达 10～40 年，如果成本控制得不好，就会加大项目的收益风险。从实践情况看，除了 EPC＋BOT 模式外，大多数工程都是在设计完成之后，社会资本才开始参与到项目的投融资、建设和运营，没有充分挖掘社会资本对项目成本的优化空间。上述这些因素，都导致了农村水利项目对社会资本的吸引力偏低。

总之，要想解决上述难题，就需要根据农村水利工程项目的特点，巧妙地设计合作方式和合作机制。

# 第四章

# 农田水利工程 PPP 模式
# 实证研究

在政策层面上，从 PPP 项目的范围和操作模式，到项目的储备、识别、运营和退出机制等各个方面，PPP 模式形成了比较完备的制度体系。从操作层面来看，农田水利工程 PPP 模式的发展，吸引社会资本，要有国家政策的支持并符合 PPP 模式的要求，要结合项目的实际情况来实施。

为此，本书采用生动、具体的案例分析方法，深入挖掘项目信息，研究农田水利工程 PPP 项目实施过程中的实际运作情况。案例研究法是一种自上而下的研究方法，相对于理论研究方法而言，因其实证效度，可以反映农田水利工程 PPP 模式运用的真实情况，因而更具针对性和可操作性。

本章内容中的相关数据，仅反映了 2014—2018 年农田水利项目 PPP 项目的基本情况；其中，PPP 项目的相关资料，来源于全国 PPP 综合信息平台❶。

## 第一节  主 要 支 持 政 策

### 一、国家层面的相关政策

农田水利工程具有很强的公益性，长期以来都是以政府投资为主，因此，要吸引社会资本参与，就需要强有力的政策支持。从国务院《关于鼓励和引导民间投资健康发展的若干意见》（国发〔2010〕13 号），到中共中央《关于全面深化改革若干重大问题的决定》（中发〔2013〕12 号）和国务院《关于创新重点领域投融资机制鼓励社会投资的指导意见》（国发〔2010〕13 号），以及近几年的中央 1 号文件等一系列顶层政策文件，都将农田水利作为社会资本参与的重点领域（表 4-1）。

其中，2004 年的中央 1 号文件明确提出"积极运用税收、贴息、补助等多种经济杠杆，鼓励和引导各种社会资本投向农业和农村"，2017 年的中央 1 号文件要求"拓

---

❶ 全国 PPP 综合信息平台于 2016 年正式上线，主要由地方各级财政部门组织相关部门录入，并经审核通过后纳入项目库。

宽农业农村基础设施投融资渠道，支持社会资本以特许经营、参股控股等方式参与农林水利、农垦等项目建设运营"。

表 4 - 1　　　　中央 1 号文件中有关社会资本参与农田水利建设运营的内容

| 年份 | 主 要 内 容 |
|------|------------|
| 2018 | 充分发挥财政资金的引导作用，撬动金融和社会资本更多投向乡村振兴 |
| 2017 | 拓宽农业农村基础设施投融资渠道，支持社会资本以特许经营、参股控股等方式参与农林水利、农垦等项目建设和运营 |
| 2016 | 鼓励社会资本参与小型农田水利工程建设与管护 |
| 2015 | 鼓励社会资本投向农村基础设施建设和在农村兴办各类事业。对于政府主导、财政支持的农村公益性工程和项目，可采取购买服务、政府与社会资本合作等方式，引导企业和社会组织参与建设、管护和运营。吸引社会资本参与水利工程建设和运营。鼓励发展农民用水合作组织，扶持其成为小型农田水利工程建设和管护主体。积极发展农村水利工程专业化管理 |
| 2014 | 完善农田水利建设管护机制。深化水利工程管理体制改革，加快落实灌排工程运行维护经费财政补助政策。开展农田水利设施产权制度改革和创新运行管护机制试点，落实小型水利工程管护主体、责任和经费。通过以奖代补、先建后补等方式，探索农田水利基本建设新机制 |
| 2013 | 逐步扩大农村土地整理、农业综合开发、农田水利建设、农技推广等涉农项目由合作社承担的规模 |
| 2011 | 广泛吸引社会资金投资水利。鼓励符合条件的地方政府融资平台公司通过直接、间接融资方式，拓宽水利投融资渠道，吸引社会资金参与水利建设 |
| 2009 | 支持农民用水合作组织发展，提高服务能力。引导农民开展直接受益的农田水利工程建设，推广农民用水户参与灌溉管理的有效做法 |
| 2008 | 支持农民用水合作组织发展，提高服务能力 |
| 2007 | 引导农民开展直接受益的农田水利工程建设，推广农民用水户参与灌溉管理的有效做法 |
| 2006 | 推进小型农田水利设施产权制度改革 |
| 2005 | 进一步放宽农业和农村基础设施投资领域，采取贴息、补助、税收等措施，发挥国家农业资金投入的导向作用，鼓励社会资本积极投资开发农业和建设农村基础设施。各地要积极探索新形势下开展农田水利基本建设的新机制、新办法。要严格区分加重农民负担与农民自愿投工投劳改善自己生产生活条件的政策界限 |
| 2004 | 积极运用税收、贴息、补助等多种经济杠杆，鼓励和引导各种社会资本投向农业和农村 |

2016 年实施的《农田水利条例》《中央财政水利发展资金使用管理办法》（财农〔2016〕181 号）、《关于扎实推进高标准农田建设的意见》（发改农经〔2017〕331 号）、《深化农田水利改革的指导意见》（水农〔2018〕54 号），以及近些年来实施的高效节水灌溉，如《"十三五"新增 1 亿亩高效节水灌溉面积实施方案》（水农〔2017〕8 号）等，均提出了政府与社会力量共同投资建设农田水利工程的相关办

法和激励措施，如农民用水合作组织❶，扶持其成为小型农田水利工程建设和管护主体。

上述这些政策，再加上其他未列出的诸多惠农政策❷，使得农田水利 PPP 模式有了较好的吸引力。因此，农田水利项目虽然公益性较强，理论上很难吸引到社会资本，但实际上，2014—2018 年间仍有不少农田水利 PPP 项目落地❸❹。

## 二、地方层面的政策

在地方层面，云南省《关于鼓励引导社会资本参与农田水利设施建设运营管理的意见》（云政办发〔2015〕70 号）（以下简称意见）、四川省《关于鼓励引导社会资本参与农田水利设施建设运营的意见》（川水函〔2016〕1750 号），对社会资本参与农田水利设施建设运营的要求、激励等进行了较为明确的规定。其中，云南省的意见中提出了明确的产权激励办法和财政补贴办法，也就是：由社会资本投资为主建设的农田水利设施，享有农业初始水权及工程的所有权、使用权、收益权和处置权，并可依法继承、转让、转租、抵押其相关权益；建设、运营和管理小型水源工程的，可以依法获取供水水费等经营收益；以政府投入为主；准公益性农田水利设施的补助，最高可达项目投资的 60％；经营性农田水利设施建设，可以按项目投资总额的 40％给予补助等。

# 第二节　典型案例的选取与分析重点

## 一、总体情况

笔者于 2018 年对农田水利 PPP 项目进行了跟踪研究❸，依据不完全梳理结果，截至 2018 年 9 月，在全国 PPP 综合信息平台中，共有 23 个农田水利 PPP 项目，加上 1 个准农田水利 PPP 项目——云南省陆良县恨虎坝中型灌区创新机制试点项目（引入社会资本参与农田水利建设运营项目），共有 24 个项目。

从类型上看，这 24 个项目中有 22 个为节水灌溉工程项目（含节水灌溉计量项

---

❶　农民用水合作组织，在本书使用了原始材料中的表述，包括农民用水者协会、农民用水专业合作社、农民用水合作社等。

❷　靳黎明. 财政补贴与反哺农业［M］. 北京：中国财政经济出版社，2007.

❸　李香云. 农田水利 PPP 模式调研及相关对策建议［J］. 水利发展研究，2019，19（1）：25 - 30.

❹　李香云. 农田水利采用 PPP 模式的实用性问题及对策建议［J］. 中国水利，2019，874（16）：56 - 59，55.

目），2 个为小型农田水利项目。从空间分布看，这 24 个项目分布在 14 个省（自治区、直辖市），其中：云南省最多，有 6 个项目，占全国的 1/4；其次是新疆维吾尔自治区，有 3 个项目；北京市、甘肃省等 8 个省（市），各只有 1 个项目（图 4－1）。

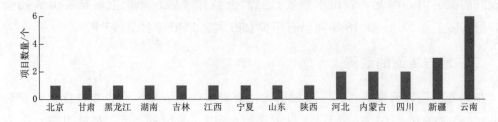

图 4－1　我国农田水利 PPP 项目现状情况

从时间上看，2016 年和 2017 年是入库项目数量最多的年份，分别有 11 个和 8 个项目入库，2018 年无项目入库（截至 8 月）（图 4－2）。在跟踪截至时间内，已进入执行阶段的项目共有 17 个，占项目数量的 71%，其中，2016 年入库项目全部进入了执行阶段。

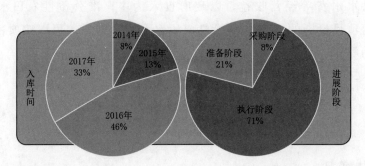

图 4－2　我国农田水利 PPP 项目情况（截至 2018 年 8 月）

## 二、典型案例的选取

综合考虑地区差异、社会经济发展水平和水资源状况、项目特点与项目进展阶段等因素，从农田水利工程的特点与难点、回报机制等方面，选取典型案例。

选择的案例项目的典型性有以下五点。一是项目的特点、区位条件、社会经济条件不同；二是社会资本多样化，包括国有企业和民营企业，涉及水务、施工、设备制造和投融资等领域，既有联合体，也有独资企业；三是合作方式具有灵活性和创新性等特点；四是回报机制涵盖了政府付费、可行性缺口补助和使用者付费；五是项目已进入执行阶段（PPP 项目，包括项目识别、项目准备、项目采购、项目执行、项目移交等 5 个阶段），能够说清 PPP 模式从提出到执行的过程情况。

典型案例基本情况见表 4－2。

表 4-2                                典型案例基本情况

| 序号 | 项目名称 | 合作期限/年 | 项目总投资/亿元 | 社 会 资 本 | 社会资本投融资/亿元 |
|---|---|---|---|---|---|
| 1 | 北京市顺义区"两田一园"农业高效节水建管一体化PPP项目(以下简称顺义项目) | 12 | 6.95 | 北京水务投资中心(牵头人)、北京能成达水务建设有限公司、北京顺鑫华霖节水科技有限责任公司联合体 | 1.94 |
| 2 | 河北省邢台市威县"建管服一体化"智慧节水灌溉与水权交易PPP项目(以下简称威县项目) | 26 | 6.52 | 内蒙古龙泽节水灌溉科技有限公司(牵头人)、内蒙古沐禾金土地节水工程设备有限公司联合体 | 3.35 |
| 3 | 云南省陆良恨虎坝中型灌区引入社会资本投资建设和管理运营农田水利工程项目(以下简称陆良项目) | 20 | 0.27 | 大禹节水集团股份有限公司 | 0.065 |
| 4 | 云南省楚雄州元谋县元谋大型灌区丙间片11.4万亩高效节水灌溉项目(以下简称元谋项目) | 22 | 3.08 | 大禹节水集团股份有限公司(牵头人)、云南信产投资管理有限公司、云南益华管道科技有限公司联合体 | 1.47 |

### 三、案例的分析重点

案例分析部分采用统一的表述体例,大致分为三个部分:一是案例项目情况的介绍,描述项目的提出(触发),也就是采用 PPP 模式的动因;二是案例合作机制的分析,即按照 PPP 项目操作的要求,选择重点和难点内容,分析 PPP 模式在农田水利中的应用情况(影响性和实用性);三是案例的点评,在案例分析的基础上,从农田水利工程的特点与难点入手,研究 PPP 项目的特点、创新点和不足之处等内容,并提出相关的政策建议。

# 第三节  北京市顺义区 PPP 项目案例与点评

北京市顺义区是北京市农业大区和重要的农产品生产供应区,同时也是水资源严重短缺的地区,为贯彻落实市委、市政府关于"两田一园"❶ 高效节水的任务,建设农业高效节水建管一体化的新机制,确保工程建设完成后能够持续发挥效益,顺义区于 2017 年 7 月决定对辖区内的"两田一园"地块项目采用 PPP 模式,授权区水务局

---

❶ "两田"指粮田和菜田,"一园"指鲜果果园。

为实施机构，按 PPP 模式相关政策要求，推进顺义区"两田一园"农业高效节水建管一体化 PPP 项目实施。

顺义项目是北京市农业节水首个 PPP 项目，也是到目前为止唯一已落地的农田水利 PPP 项目。

## 一、项目情况

项目的主要任务是在顺义区 27.97 万亩的"两田一园"地块上，建设、运营和管理农业高效节水设施。项目分为两个部分，一部分为现有设施运营与管护，即对现有的 11.36 万亩农业高效节水设施运营管护；另一部分是新建项目的建设与运营，面积为 16.61 亩，分两期进行。

## 二、合作机制

### （一）合作模式

项目采用特许经营模式，特许经营期为 12 年（含建设期 2 年）。项目按照国家 PPP 政策要求和北京市相关规定进行设计，其运作模式如图 4-3 所示。

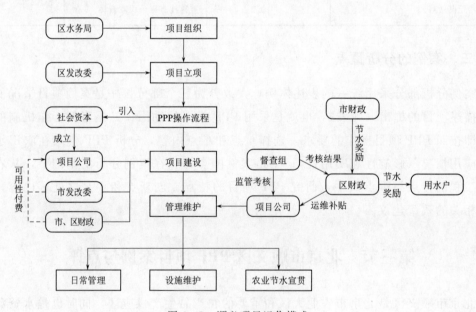

图 4-3　顺义项目运作模式

新建项目分为两期，各期分别测算融资结构（表 4-3）。其中，一期工程总投资 4.27 亿元，社会资本出资 1.37 亿元（资本金 0.27 亿元，贷款 1.10 亿元）；二期工程总投资预估 1.69 亿元，社会资本出资 0.57 亿元（资本金 0.11 亿元，贷款 0.46 亿元）。

表 4 - 3 顺义项目投融资结构

| 项 目 | 合 计 | 政 府 方 | | 社 会 资 本 方 | |
|---|---|---|---|---|---|
| | | 中央 | 市级 | 资本金 | 贷款 |
| 一期工程 | 4.27 | 0.24 | 2.66 | 0.27 | 1.10 |
| 二期工程 | 1.69 | | 1.12 | 0.11 | 0.46 |
| 合计 | 5.96 | 0.24 | 3.78 | 0.38 | 1.56 |

**（二）回报机制**

项目回报机制为政府付费。政府付费纳入顺义区政府跨年度财政预算，付费内容包括：项目建设投资可用性服务费（含基础和田间两部分）、运维绩效服务费和节水奖励。PPP 合作期内，项目共需支付 16.98 亿元。其中：运维费用由市、区财政设立的运行维护基金支付，基金来源是依据《北京市推进"两田一园"高效节水工作方案》（京政办发〔2017〕32 号）的要求和标准，即市级财政通过转移支付方式每年每亩补助 25 元、区财政每年每亩补助 25 元。

年运维绩效服务费的计算公式为

年运维绩效服务费＝运维绩效服务费单价×服务地块面积－考评扣费

考评扣费＝绩效服务费×扣费系数

按照顺义区的"两田一园"政策，节水奖励标准为 $1.0$ 元/m³。本项目的节水量（项目灌溉用水限额－项目年度灌溉用水总量），按 1：3 的比例，分别奖励给项目公司和用水户。

**（三）社会资本、项目公司组建与架构**

政府通过公开招标的方法选择社会资本，中标人为北京水务投资中心（牵头人）、北京能成达水务建设有限公司、北京顺鑫华霖节水科技有限责任公司组成的联合体。项目公司北京京顺水资源管理有限公司由社会资本出资成立，负责签订之后的各类项目合同。

项目所覆盖的区域很大，而且呈碎片化状态。为了保证项目运维服务的质量，公司按照实施方案的要求，构建了"总部＋项目部＋服务点"的整体服务体系，共有三个项目部，项目部下设若干个运维服务点，同时还设有服务于运维要求的物资储备库点。

项目于 2017 年 7 月提出，到 2017 年年底基本落地，2018 年初进入执行阶段，总体进展较快。总体而言，北京市、顺义区政府及有关部门对该项目的大力支持，以及社会资本为本地企业，这些都是促使项目顺利实行的重要因素❶。

**（四）绩效考核**

顺义区政府按照实施方案和 PPP 合同中的相关要求，定期评估项目公司的服务质量和效果（表 4-4），并根据评估结果，确定当年的支付金额。

---

❶ 截至成稿时，本项目仍处于执行阶段。

表 4-4 顺义项目绩效考评表

| 序号 | 考核项目 | | 满分 | 评分标准 | 得分 |
|---|---|---|---|---|---|
| 1 | 灌溉模式 | 灌溉方式 | 10 | 地块灌溉方式与项目合同约定不同，每处扣 5 分 | |
| | | 水量节约 | 20 | 年度用水量不超限，超限即扣 5 分，每超过 0.01% 加扣 5 分 | |
| 2 | 维护质量 | 响应时间 | 10 | 每次服务响应时间不得超过 1 小时，每延迟 30 分钟扣 1 分 | |
| | | 日常巡检 | 5 | 灌溉期间运行设施每日巡检 1 次，未运行的灌溉设施每周巡检 1 次，并做好相应巡检记录，缺少一次扣 1 分 | |
| | | 设施状况 | 10 | 灌溉设施应完好可用。输水管道漏水每处扣 3 分；灌期结束后，关键设施未统一拆卸、封存，并设专人保管的，每处扣 5 分 | |
| 3 | 公司管理 | 规章制度 | 8 | 服务点布置不合理每处扣 1 分；管理分工不明确扣 3 分；没有建立各类规章制度的，扣 3 分；规章制度不完善或执行不力的，扣 1 分；工作计划安排、记录总结等不齐全的，扣 1 分 | |
| | | 人员结构 | 8 | 项目公司在合作期内必须维持合同约定的技术人员结构组成，各职称及技术工种，每级别降低 1 人，扣 1 分 | |
| | | 核心人员稳定性 | 8 | 技术、维修人员年流动率不得超过 5%，每超过 1% 扣 1 分 | |
| 4 | 公司服务 | 技术指导 | 6 | 每年对用水户进行至少 2 次技术培训，缺少一次扣 2 分，未向用水户宣贯节水灌溉新政策每次扣 2 分 | |
| | | 用水户反馈 | 10 | 项目督查组每收到一次用水户投诉且确属项目公司责任的，每次扣 0.5 分 | |
| | | 工作配合 | 5 | 积极配合督查组完成各项考核工作，否则酌情扣减 | |
| 总分 | | | 100 | | |

## 三、案例点评

**（一）项目落地快，操作规范，对建立新型节水机制有借鉴意义**

本项目为北京市首个农田水利 PPP 项目，具有一定的理论和实践意义。从项目提出到落地实施，正逢我国 PPP 模式发展的高峰期，PPP 模式在此期间暴露出不少问题，国家在此后开始强化监管机制。根据实地调研情况和相关 PPP 文件要求，本项目在推进过程中，按照政策要求办理，项目设计和操作较为规范。

本项目的实施，对建立和完善新型节水机制具有一定的借鉴和参考作用。

**（二）北京市农田水利补贴政策的明确有力，增加项目持续性**

按照北京市"两田一园"政策，对于符合政策条件的地块，在建设及运行维护方面给予以下一些政策支持。①对于骨干基础设施建设部分，经市发改委审核后，按照现行投资政策，安排骨干基础设施建设部分的补助资金。②对于田间节水设施建设部分，按照"先建后补"的原则，按照审批权限和流程，市财政部门审定后，根据年度建设任务和资金，按 50％的比例通过转移支付方式予以安排补助，其余 50％的工程建设资金由区财政部门及用水户筹措。③对于运行维护费用，按照每亩每年 50 元以上的标准确定，市、区财政部门各承担 50％。

由此表明，政府投资占项目总投资的比例很大，社会资本的投入只占到 1/3；同时，项目的回报机制为政府付费，而不是可行性缺口补助，也使得本项目具有较好的持续性。在这种模式下，社会资本提供的服务质量尤其重要，这关键在于项目的绩效评价考核机制。

**（三）建立了明确的绩效评价和考核机制，提升投资效益**

我国的 PPP 政策明确了 PPP 项目的绩效考核机制，在财政部、国家发展改革委发布的相关文件中，也提出了 PPP 项目绩效考核的原则性内容以及结果运用办法。本项目回报机制为政府付费，由工程建设利润、可用性服务费、运维绩效服务费和节水奖励等组成，各部分采取不同的测算方式，分别进行考核后支付。除去可用性付费和节水奖励资金外，分别明确了支付办法和方式。

项目按照绩效考核政策要求，建立了明确 PPP 项目绩效评价指标体系，成立了绩效考核领导小组，建立了多方参与的绩效考核打分机制，对项目公司服务质量进行绩效考评打分，如考核不达标，则扣减运维绩效服务费，由此避免了固定收益、保底承诺等政策文件禁止事项。

**（四）对项目的盈利情况缺少分析，存在增加政府付费的可能性**

相较于城市基础设施的供给与使用，农田水利设施产品的供给与使用，有其自身的特点，且经常得不到足够的现金流来维持经营。当水价偏低，用水量受到限制与控制时，仅靠向用户收费是很难收回成本的。此外，不同类型的农田水利设施建设运营，其设计标准、面向的用水户以及收费情况也各不相同，存在着 PPP 模式适用性问题和吸引力问题。要采用 PPP 模式，就需要具有更大的吸引力，这就必须从整体上优化设计项目的盈利能力，例如考虑设计、施工期的利益，这样既可以降低政府的总体投入（全生命周期内），又可以提高项目的吸引力。因此，PPP 项目的收益分析就显得尤为重要，它体现了资本追求利润的本能。

本项目实施面积达 27.97 万亩，"两田一园"中的一些地块，存在一定的收益空间。根据相关文本和调研情况看，本项目弱化了盈利能力分析，如在项目实施方案中，对项目供给与需求的预测，缺少必要的尽职调查分析和多方案比选，也没有对项目进行全盘的优化设计。现场调研表明，由于与现行收费体制冲突，导致由项目公司收取相关费用的难度比较大（项目实施方案中未说明这一点）。因此，笼统按政府付费项目进行，虽然降低了社会资本的投资风险，但是存在增加政府付费的可能性。

## 第四节　河北省威县 PPP 项目案例与点评

河北省作为华北地区节水压采、发展高效节水灌溉等相关规划实施的重点区域，治理工程和建成后管护任务重。为探索建立地下水超采综合治理的长效机制，河北省邢台市结合高效节水灌溉项目、农业水价改革、农田水利设施产权制度改革创新运行管护机制等政策，提出了实施"河北省邢台市巨鹿县现代农业'田田通'智慧节水灌溉 PPP 项目"和"河北省邢台市威县'建管服一体化'智慧节水灌溉与水权交易 PPP 项目"。在 2018 年，河北省也只有这两个农田水利 PPP 项目。由于这两个项目具有同构性，笔者选择了比较有代表性的威县项目。威县项目也是河北省首个采用 PPP 模式的农田水利项目，按照有关资料❶，将 17 万多亩土地的灌溉业务委托专业公司后，每年节水超过 1200 万 m³，比西湖蓄水量还多，被当地老百姓誉为"农田物业"。

### 一、项目情况

项目实施范围包括县域内的畜牧养殖产业带、梨产业带、农业科技示范园区及 10 个乡镇，采用喷灌（包括固定式喷灌和中心支轴式喷灌机）、滴灌的灌溉形式，实施高效节水灌溉面积 17.61 万亩，机井数量 587 眼。项目内容包括：田间道路工程、机井、水泵及灌溉首部、喷灌系统管道、智能控制系统、农田灌溉用水计量设施及施肥设备等。

县政府授权威县水务局为项目实施机构。

### 二、合作机制

#### （一）合作模式

项目采用特许经营模式（BOT）。项目实施机构授权政府平台作为政府出资人代表，与社会资本共同成立项目公司。由项目公司承担项目的投资、设计、建设、运营和维护；其中，机井和田间道路建设完成后，产权移交给政府，项目公司享有特许经营权，其他资产建设完成后，产权归项目公司。项目的建设期为 6 年，项目每个批次

---

❶ 刘清波，马云飞，代威宇. 威县"PPP＋农业"释放改革红利"农田物业"一年节水一个西湖 [N]. 河北日报，2016－03－03.

的基准特许经营期均为 20 年。项目公司在获得一批土地后，需立即开始建设，竣工验收合格后，就可以投入运营；特许经营期满后，由项目公司按年度将项目资产分批次逐年无偿移交给政府。项目合作模式如图 4-4 所示。

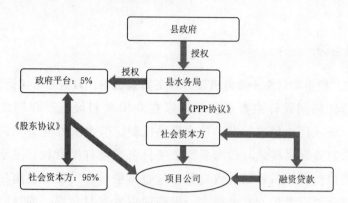

图 4-4　威县项目 PPP 合作模式

（按威县项目实施方案分析整理）

威县项目总投资估算为 6.52 亿元，其中：争取各级政府涉农补贴资金 3.17 亿元，占 48.62%；社会资本投资 3.35 亿元，占 51.38%。按实施方案，项目公司的股权结构为政府平台占 5%，社会资本方占 95%，双方按股比在规定期限内认缴项目公司的注册资金，并参与项目的分红。

**（二）回报机制**

威县项目回报机制为"使用者付费＋政府节水奖励"。其中，使用者付费主要以用户使用灌溉设施服务为基础，收取相应的费用，主要包括三个部分，分别是水费收入、设施灌溉基础服务费与增值服务费，也就是项目公司以实际用水量来核算计收水费；同时利用自动化、信息化灌溉设备，开展水肥一体化等用水户田间作物基础服务和增值服务，收取相关费用，提出公司的收入；采用水权交易的方式，使智能设施灌溉的节水效益与企业的收益挂钩，政府按照水权交易的原则，给予企业节水奖励资金。

理论上看，若能实现这一回报机制，就可以推动节水工程向精准、长效和高效方向发展。

**（三）社会资本的选择**

项目通过公开招标选择的社会资本为内蒙古龙泽节水灌溉科技有限公司（牵头人）和内蒙古沐禾金土地节水工程设备有限公司的联合体。中标价为资本金内部收益率 8%、特许经营期为 20 年（按中标通知书）。

**（四）绩效考核**

按照威县项目实施方案，项目绩效考核按全生命周期进行，分为三个阶段，包括建设期绩效考核、运营维护期绩效考核和移交绩效考核。绩效考核结果与履约保函、政府奖励资金挂钩。若各期指标未达成，政府方可以根据 PPP 协议的有关约定，提取相应保函中约定的金额。若达到标准，则根据考核办法，支付相关费用，如节水奖励资金等。

### 三、案例点评

#### （一）建立"使用者付费＋政府激励"投资回报机制，政府不承担运营风险

本项目的合作机制设计主要是依据国家在农田水利设施产权制度、运行管护机制、农业水价、农业用水精准补贴、节水奖励机制、节水工程等方面的利好政策，采取"互联网＋"农业发展模式，政府只给予项目公司特许经营权，不承担项目经营风险，也就是没有可行性缺口补助等政府其他付费。项目公司通过设施建设和高效管理的方式，降低农业经营者田间作业成本，提高使用者支付意愿，通过收取水费和增值服务收费来获取利润。为激励项目公司提供优质服务，政府制定了节水奖励和绩效考核达标奖励等奖励政策。毫无疑问，这是一个具有挑战性的创新模式。

#### （二）通过 PPP 模式引进新理念，建立现代化技术支撑的运维方案

项目涉及地块面积较大，为了提供有效的服务，除了项目公司架构的服务体系外，离不开现代化、智能化技术的支撑。为了保证灌溉系统的正常运行，社会资本根据过去高效节水项目的管理经验，制定了项目的运营方案，构建了"线上＋线下"的运维服务模式，并与用水大户签订供水服务合同。其中"线上"就是运维中心，"线下"就是现场维护和服务。项目运维方案依靠现代化技术和手段，建立了明确的项目运维方案，提高了项目服务质量和水平。

#### （三）运维期的绩效考核制度

在本项目中，对运营维护期间的绩效考核采用了较为严格和细致的方法。按照实施方案，对项目公司服务绩效水平的考核，采用常规考核和临时考核的方式，并将考核结果与运维节水奖励支付挂钩。其中，常规考核每年度进行一次，常规考核至少为1000 亩，每年更换一次考核范围，并尽可能覆盖项目面积的 2％。常规考核结果与运维维护补贴和政府节水奖励金的支付挂钩，如果运维服务绩效没有达到绩效标准的要求，政府将会根据标准减付节水奖励和运营维护补贴费，同时明确实际付费不低于应付费用的 80％。对逾期不能及时修复的，政府方有权按照 PPP 项目的有关约定，对项目公司进行处罚。

#### （四）项目实施难度较大，回报模式风险高，容易造成项目的失败

农田水利工程尤其是田间工程的建设与服务，当耕地面积较大时，涉及的乡村行政单元也较多，遇到的情况复杂多样，这不可避免地会与现有的灌溉服务体系产生冲突。除此之外，为了提供更好的服务，尤其是在农忙时，服务比较集中，需要投入更多的人

力，这些都会影响项目实施的难度。对于这些问题，地方政府的有效配合十分必要和重要，如果没有地方政府强有力的支持，项目很容易实施不下去而导致中断。

河北威县是一个 2018 年摘帽的国家级贫困县，当地经济水平还不高，财政收支压力较大。本项目采用用户付费与政府奖励相结合的投资回报模式，政府只支付建设基金（上级财政）与奖励基金（本级财政），不支付其他资金如可行性缺口补助资金，符合当地实际。然而，无论是从理论上还是从现实情况来看，农田水利这类工程，由于服务于盈利水平较低的农业（一般情况下），特别是在国家一系列惠农补贴政策之下，通过使用者付费的方式收取相关费用，来获取投资回报，其难度和复杂性都比较大。因此，从某种程度上来说，项目投资风险增加，社会资本积极性下降，从而会影响到项目的可持续性，容易导致社会资本的中途退出。

# 第五节　云南省陆良县和元谋县项目案例与点评

云南省农田水利 PPP 项目的数量，在全国排名首位。这主要是全国第一个准 PPP 项目❶，也就是最早引入社会资本参与的陆良县恨虎坝灌区，落地在云南省，再加上云南省出台了吸引社会资本参与农田水利的相关政策，大大推动了农田水利 PPP 模式的发展，元谋灌区就是其中之一。

## 一、陆良项目

### （一）项目情况

陆良县恨虎坝中型灌区的供水工程为恨虎坝水库和老恨虎坝水库，原由陆良县灌区管理局恨虎坝水库管理所负责管护，管理所向用水户收取原水水费，水价为 0.04 元/m³，由于水价过低，水库良性运营无法保障；此外，渠道设施由村集体管护，不收取水费，田间用水设施和管理也不完善。一方面，水库每年有 350 多万 m³ 水难以输出；另一方面，干旱时，群众则需拉水灌溉，农田水利"最后一公里"建设维护问题较为突出。

本项目规划面积为 1.008 万亩，在合理划分骨干工程、田间工程的基础上，探索采用 PPP 模式进行项目的工程建设运营，解决农田水利"最后一公里"建设维护责任主体问题。

### （二）合作机制

1. 合作模式

项目采取特许经营模式（BOT），特许经营期为 20 年。政府投资建设取水枢纽工

---

❶ 这里界定为准 PPP 项目，是因为该项目缺少 PPP 项目的相关要件，也没有履行入库（全国 PPP 项目库）程序。

程、输水主干管、支管及其附属计量设施，工程产权归水行政管理部门，由政府负责管理。社会资本与用水合作社投资建设的计量设施以及田间工程由项目公司负责管理；项目公司委托用水专业合作社收取水费和田间限额内项目的维修。政府采取社会购买服务的方式，将国有部分工程委托给合作社，由合作社进行统一管理。

2. 投融资结构

项目总投资 2711.71 万元，项目资金通过各级政府配套、社会资本融资、群众自筹等途径进行筹措。其中：①各级政府配套 2010.13 万元。按中央 70%、省 20%，市、县各 5% 配套，即中央 1408 万元、省级 402 万元、市级 100 万元、县级 100.13 万元。②社会融资：646 万元。③群众自筹：55.58 万元。

3. 回报机制

项目区年设计供水量为 323.38 万 $m^3$，投资回报率为 9.8%，按照商业银行贷款利率 6.8% 上浮三个百分点进行控制。项目测算出的工程全成本水价为 1.28 元/$m^3$、运行成本水价为 0.79 元/$m^3$ 时，群众基本可以承受，企业也可以获得合理的收益。经过协商和调查，项目区 2015 年（及以后）执行水价为 0.66 元/$m^3$，2016 年为 0.72 元/$m^3$，2017 年（及以后）执行水价为 0.79 元/$m^3$，扣除上交恨虎坝水库管理所的原水费，在运行年限 20 年，灌溉保证率 85% 的情况下，社会资本收益率为 9.8%。

项目约定，当丰水年用水量下降，水费收入下降，乙方当年的资本收益与折旧总额低于投资额的 7.8% 时，甲方将相应的差额补足。

4. 社会资本、项目公司组建与架构

本项目采用公开招标的方法，经比选后，甘肃大禹节水集团股份有限公司被确定为中标单位。

陆良项目的社会资本为大禹节水集团股份有限公司，与农民用水合作社依法组建的项目公司即"陆良大禹节水农业科技有限公司"，负责田间工程投资、建设、经营和维护。社会资本和农民用水合作社按 7：3 的比例出资，其中，大禹节水集团股份有限公司投入 452.20 万元，合作社资金按每个社员入股 500 元筹资，共 193 万元。

陆良项目 PPP 模式的合作机制如图 4-5 所示。

## 二、元谋项目

### （一）项目情况

元谋县位于干热河谷地区，被称为"天然温室"，是发展热带经济作物及冬早蔬菜的重要生产基地之一。然而，元谋县存在着严重的资源性和工程性缺水问题。全县耕地面积 42.94 万亩，有效灌溉面积只有 23.69 万亩，年灌溉需水量 9227.9 万 $m^3$，可供水量只有 6638.2 万 $m^3$，灌溉缺水率 28.06%。本项目的实施面积为 11.4 万亩，占有效灌溉面积的近一半，其中，面积在 150 亩以上的有 16 个共计 1.8 万亩，普通农户 9.6 万亩。项目涉及 4 个乡镇 16 个村委会 110 个自然村。

本项目由麻柳、丙间两个中型水库联合供水，其建设内容包括两座取水口、输配水干支分管线和辅管，以及安装智能水表和高效节水信息化系统等。

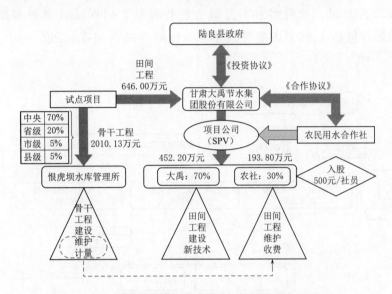

图 4-5　云南陆良社会资本参与农田水利项目合作机制

### （二）合作机制

1. 合作模式与投融资结构

项目采用特许经营模式（BOT），特许经营期 22 年（含 1 年建设期）。项目的设计、融资、投资、建设和运营维护，全部由社会资本主导，本项目的合作模式，实质上是 DBOT 模式。

县政府授权的实施机构为元谋县水务发展投资有限责任公司，代表政府参与项目的建设、运营和管理。项目建成后，由项目公司（或项目公司重新组建的运营公司）负责整个项目的运营管理。合作期满结束后，社会资本（项目公司）将项目设施无偿、完好、无债务、不设定担保地移交给人民政府或其指定部门。

按照项目合同，项目总投资 3.08 亿元（后调整为 3.10 亿元）。其中，政府出资 1.20 亿元，占总投资的 39.89%；社会资本投资 1.88 亿元，占总投资的 60.11%。社会资本投资部分包括田间毛管及滴灌带（由农户自己购买安装和管理的部分，投资估算为 4070 万元）。元谋项目的合作模式如图 4-6 所示。

2. 回报机制、收益兜底与风险分配

项目的回报机制为使用者付费。按照相关资料和调研情况，政府除配套资金出资 1.20 亿元外，社会资本投资部分由政府采取先建后补的方式补助给项目公司。此外，为弥补社会资本在运营初期现金不足的情况，政府承诺在运营期前 5 年分别给予 700 万元、600 万元、500 万元、400 万元、300 万元的配套运营补助,其他合理收益由社会资本加强经营,采用使用者付费解决。按照项目合同,在项目运营期间,如因枯水年供水量不足、丰水年用水大幅减少,导致水费收入减少、当年供水收益低于 2900 万元时,政府将对不足部分进行补贴,以保证社会资本投资年收益率达到 7.95%(包括 4.95%的融资成本和 3%的合理利润率),这一点与陆良项目相同。

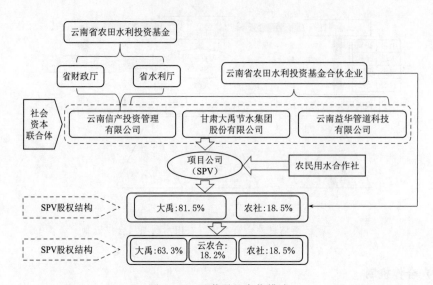

图 4-6　元谋项目合作模式

　　根据云南省有关政策规定,社会资本投资建设的,其产权归社会资本所有(BOO),包括享有在合作期内继承、转让、出租、抵押等权益。

　　项目的风险分配方案较为详尽,建立了细化和量化的风险分配框架,明确了各环节相关方的权责。项目识别的风险主要有技术风险、融资风险、工程风险、政策风险等,见表 4-5 中的说明。

表 4-5　　　　　　　　　　　　元谋项目风险分配表

| 风险类型 | 风险细目 | 风险分配描述 | 风险分担划分及比例 | |
|---|---|---|---|---|
| | | | 政府 | 社会资本 |
| 非商业风险 | 政策风险 | 征地和审批延误导致工程建设滞后 | 范围内的工作以及解决好后续遗留问题,绝大部分承担由于该项工作而影响的工程建设运营过程所带来的工期延迟和经济损失责任。社会资本方通过恰当的施工组织减少风险发生时的损失。具体安排:经济损失按 95%部分计入可调投资 | ●80% | ▲20% |

续表

| 风险类型 | | 风险细目 | 风险分配描述 | 风险分担划分及比例 | |
|---|---|---|---|---|---|
| | | | | 政府 | 社会资本 |
| 非商业风险 | 政策风险 | 经营边界条件变化风险：包括国家政策、税收政策、水价、水量分配等外部经营条件发生变化 | 政府负责边界经营条件的确定和执行国家政策，当实际经营的边界条件和招投标测算不一致时，由政府承担社会资本方的相应损失（注：不含收益，收益在利益分享机制中考虑）。<br>具体安排：价格调整机制中设立边界条件变化调整机制 | ●100% | |
| | | 政策变化或因公共利益提前解约 | 政府承担政策变化提前解约的风险。<br>具体安排：在退出机制中安排违约金 | ●100% | |
| | | 社会资本违约提前解约 | 社会资本承担，具体安排：在退出机制中安排违约金 | | ●100% |
| | 法律风险 | 法规风险：PPP合同文件与法律、法规和政策存在或产生冲突，导致合同失效或形成经济损失 | 政府应确保PPP合同符合现行法规，同时承担法规变化所带来的风险。<br>具体安排：法规变化所带来的成本和投资增加，政府允许调增投资和补贴金额 | ●100% | |
| | | 合同文件规定不详细、预见不足和认知差错形成的法律风险，造成合同约定不清或显失公允的法律后果 | 在PPP合同签订时，可能由于双方认知差错、预见不足、信息错误等原因，造成合同约定不清，责任难明或明显有失公允的法律后果，该风险将由政府和社会资本共同承担。<br>具体安排：风险识别和分配中增加风险协商机制，安排将有利于降低社会资本的交易风险，加强竞争 | ●50% | ●50% |
| | 其他风险 | 自然不可抗力包括自然灾害风险、战争、动乱等 | 如因不可抗力及其他双方约定由双方共同承担风险的原因造成，双方共同分担该风险，均不承担对方的任何违约责任。但政府为确保公共服务要求的恢复责任由政府承担 | ●50% | ●50% |
| | | 恶性通货膨胀 | 基于本项目折现率和合理利润率的设定并未考虑恶性通货膨胀的影响，当发生恶性通货膨胀时由政府承担恶性通货膨胀的影响。<br>具体安排：将恶性通货膨胀纳入政府付费调整机制 | ●100% | |
| 商业风险 | 融资风险 | 利率波动风险（不含恶性通货鼓胀） | 社会资本在投标时应合理考虑全生命周期内的利率波动风险，利率波动风险由社会资本承担。<br>调价机制：不考虑利率波动的影响 | | ●100% |

续表

| 风险类型 | 风险细目 | 风险分配描述 | 风险分担划分及比例 | |
|---|---|---|---|---|
| | | | 政府 | 社会资本 |
| 商业风险 | 融资风险 / 社会资本融资风险 | 因社会资本原因造成未按 PPP 合同进行融资，影响建设进度和工程造价等风险，由社会资本承担；如对政府方造成损失的，需足额赔偿政府方。<br>具体安排：明确基本义务 | | ●100% |
| | 政府配套资金风险 | 因政府资本原因造成未按 PPP 合同进行配套出资影响建设进度和工程造价等风险，由政府承担；如对社会资本形成损失的，需足额赔偿社会资本。<br>具体安排：明确基本义务 | ●100% | |
| | 技术风险 / 招标前政府主导的勘察、设计风险 | 招标前的勘察设计工作由政府负责和主导，由于勘察设计深度不足形成的风险由政府承担。但社会资本具有一定的技术和施工能力尽可能降低投资，也应承担一定风险。<br>具体安排：由此引起的风险将纳入超投资认定范围，同时突破估算总投资 10% 以内（含 10%）的部分全部由社会资本方承担 | ●90% | ▲10% |
| | 社会资本承担的后续勘察设计风险 | 招标后的后续勘察设计工作由社会资本方负责，社会资本方需承担勘察设计不到位的风险。<br>具体安排：社会资本方原因造成的勘察设计风险不纳入投资调整认定范围全部由社会资本方承担 | ●100% | |
| | 工程风险 / 施工组织不当造成的风险；包括人员配备、施工原因形成的滑坡、材料质量、外部协调等施工组织造成的风险 | 社会资本应承担建设风险。<br>具体安排：不得调整投资 | | ●100% |
| | 质量、安全、进度风险 | 社会资本应承担建设风险。<br>具体安排：不得调整投资 | | ●100% |
| | 运营风险 / 管理风险 | 包括经营不善、供水不足等由社会资本承担。<br>具体安排：不得进行补贴调整 | | ●100% |
| | 极端气候下的最低需求风险 | 在极端天气下，可能水源来水不足，或降雨过多，导致供水量不足，产生的收入风险。<br>具体安排：在竞争性磋商阶段，明确极端天气标准，确定具体的补偿政策 | ●80% | ▲20% |

注　●主要分担者；▲辅助分担者。

3. 社会资本、项目公司架构

项目于 2016 年 4 月 27 日通过竞争性磋商方式选择社会资本，最终确定大禹节水集团股份有限公司（牵头人）、云南信产投资管理有限公司和云南益华管道科技有限公司联合体为社会资本。

社会资本与项目区农民用水合作社共同出资组建 SPV 项目公司，双方同股同权，负责项目建设和经营管理活动，群众出资本着自愿原则，由社会资本承担先期垫支、后期补足的风险和责任。

4. 绩效考核

按照项目合同，项目的监管方式主要有三类，包括履约监管、行政监管和公众监督。

然而，本项目缺少与业绩评估有关的内容。

## 三、案例点评

通过实地调研与座谈，反映出云南省通过政策引导以及先行先试的做法，成效良好，提高了社会资本参与农田水利工程建设运营的动力，积极探索和创新解决农田水利"最后一公里"路径，从而形成了农田水利 PPP 的"云南模式"，为该领域 PPP 模式的发展，提供了有益的示范与借鉴。

### （一）从政策层面保障了社会资本愿意进、留得住

推进农田水利改革，鼓励社会资本参与农田水利建设运营，都需要政策支持、引导和保障，因此政策措施要特别有"干货"。在这方面，云南省的政策经验，尤其值得借鉴和推广。为推动农田水利改革发展、鼓励社会资本参与，云南省政府出台了一系列政策，如云南省的《关于鼓励引导社会资本参与农田水利设施建设运营管理的意见》（云政办发〔2015〕70 号），明确了社会资本收益保障机制，规定政府补助资金不超过总投资 40%（含）的项目，实行"先建后补"；由社会投资主体按照规划设计内容组织实施，在工程验收合格后拨付补助资金等一系列政策安排，从而在制度层面上保证了社会资本愿意进，也留得住。

### （二）积极探索和创新水价机制

引入社会资本，涉及投资回报的根本性问题上，水价机制显得更加重要。在政策层面，2016 年国务院办公厅印发《关于推进农业水价综合改革的意见》中提出，要建立一套能够反映供水成本、有利于节水与农田水利体制机制创新，并与投融资体制相适应的农业水价形成机制。然而，建立起既能让社会和农业用水户接受，又能发挥节水、吸引社会资本参与等作用的水价机制，在实际操作中存在一定的困难。为推进项目区的水价改革，元谋县制定了《元谋县改革试点项目区水价改革方案》，经成本测算、水价听证等程序，确定项目区管道输水工程的原水水价为 0.12 元/m³，通过调研

执行水价承包地为 0.9 元/m³, 非承包地为 1.4 元/m³, 实现了群众能基本承受、企业能有合理收益的目标。

就水价而言,农业供水和用水水价存在直接的对立,用水户希望水价越低越好;供水企业希望水价尽量高点,政府也可以少补贴点。从实地调研来看,用水户最终能基本接受这一水价的根本原因有两个:一是因为当地种植的农作物主要利用了当地的气候条件,种植了反季节的农作物,还有一些经济作物,经济效益比较好;二是项目提高了供水的稳定性,在干旱季节解决了用水难的问题。这是元谋项目的独特所在。同样的机制,在陆良项目或者其他农田水利项目中,也不一定适用或者用得好。

**(三)创新合作机制,引入农民用水合作社参与**

这两个案例均引入了农民用水合作社这个民间组织,把引入的市场投资主体与分散经营的农户形成利益共同体,赋予其市场主体权利,建立农户参与农田水利建设、运营和管理的全过程,发挥了群众参与的重要机制。农民用水合作社社员自筹资金入股项目公司,获取 4.95% 的最低收益率的投资回报;参与公司的运营维护,并收取相关费用,理论上,能够使群众从本项目中得到更多的实惠。

**(四)投资回报中的兜底问题**

项目的回报机制为可行性缺口补助。为了保证社会资本收益,陆良(原为保底收益率)和元谋都设置了保底水量——当用水量达不到保底水量时(也就是将原来的保底收益率调整为保底水量),政府对缺口部分进行差额补助;农民用水合作社入股资金保底收益不低于 4.95%,由社会资本保底。

就陆良项目而言,工程建成运营以来,一方面,因为项目区域内的农业产业尚未完全形成,农业产业结构没有达到预期目标,灌溉面积较小,原定规划用水面积,基本上都是轮作闲置,没有实现满插满种,造成了用水量偏低;另一方面,农业用水受气候影响大,项目区实施后的几年都是丰水年,用水量小,不到设计供水量的 1/5,缺口很大。按照合作协议约定,政府需向社会资本提供可行性缺口补助,2016 年要补的资金为 47.4 万元。由于地方财政能力有限,为履行合约规定的保底支付,地方政府压力较大。根据调研了解到的情况,经过协商,地方政府将原按保底收益率的补贴方案调整为按保底水量补贴。

# 第六节 经验借鉴与问题思考

## 一、可借鉴的一些经验

### (一)制订政策,明确吸引社会资本参与的具体举措

推进农田水利改革,鼓励社会资本参与农田水利建设运营,离不开政府的支持、

引导和保障，政策措施特别要有"干货"。云南省在这方面的政策经验，更是值得借鉴和推广的。其中，在云南省鼓励引导社会资本参与农田水利设施建设运营管理的政策中，明确了社会资本收益保障机制，规定政府补助资金不超过总投资40%（含）的项目，实行"先建后补"，由社会投资主体按照规划和设计内容组织实施，在工程验收合格后拨付补助资金，从制度上保证了社会资本愿意进也留得住。

**（二）因地制宜，建立适合当地情况的合作机制**

就项目实行范围看，除早期的陆良项目外，项目实施范围都较大，表明农田水利工程PPP项目，既可以将建设项目本身作为实施范围如云南项目，也可以将行政区域作为实施范围如河北项目，也可使用组合方式如北京项目。

总体上看，上述三个案例项目的投资回报方式，分别为政府付费、使用者付费和可行性缺口补助。项目所在地区和社会资本，以当地政策、管理为基础，并与当前国家有关农田水利改革要求相结合，积极创新和探讨，形成了各具特色的农田水利工程PPP模式（图4-7）。

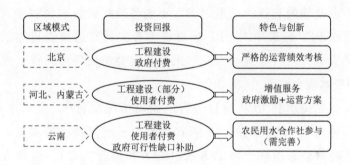

图4-7 农田水利工程PPP项目案例经验总结示意图

另外，元谋项目在配水、供水、输水过程中，调整了原有的渠系系统，新建了管道输水工程，这是后期精准计量、计费和收费的重要设施，这也是项目实施较为顺利和持续的主要原因。

**（三）通过PPP模式推进农田水利设施建设与管理机制创新**

与传统模式相比，PPP模式解决了以下问题：一是投资主体、组织者、建设者和使用者四个主体分离，责任和权利不明确的问题；二是解决了受投资额度和标准的限制，建设内容只满足基本的灌溉需要，对现代化、高标准的灌溉设施和条件的支持，如自动控制系统、信息系统等，在早些年缺少配套经费的问题；三是解决了以家庭为单元的分散农业经营方式与规模化供水节水设施应用不匹配的问题；四是解决了农田水利设施由于缺乏稳定的维护资金、专业维护人员等，致使部分项目在验收合格后使用时间较短甚至闲置的问题。PPP项目的实施，形成一种新的权责明晰的机制，有利于提高农田水利设施的可持续、高效利用。

## 二、要探讨的一些问题

由于农田水利 PPP 模式起步晚，可参考借鉴的经验不足，政策规定还不够具体和深入，以及对 PPP 模式的适用性认识等原因，农田水利 PPP 模式在发展过程中，也反映出了一些需要进一步深入思考和研究解决的问题。

### （一）融资结构设计

通过对相关资料的分析，发现部分项目前期论证不充分，尤其在融资结构设计上需要斟酌。比如，有的项目政府以现有资产作价入股，项目的投资结构和融资计划并不明确，对项目的预期收益估算过于乐观，这对项目的可持续性造成了较大的影响。有的项目将农户田间自筹自建自用内容，也作为社会资本，纳入项目投资中，是否符合规定是需要讨论的；有的项目将省农田水利基金、用水合作社投资、农发建设基金、农发行水利建设贷款等资金来源渠道，笼统作为社会资本，存在着资本金投入、不同资金来源的回报以及资源使用方式不清等问题，这样的融资结构设计，将会影响到投资回报及后期补偿的测算。这是因为，不能将股权融资和债权融资的回报方式混在一起，这与我国 PPP 政策中对 PPP 项目资本金实行穿透审查机制的要求有关，也就是严禁以债务资本充当股权资本。反过来说，也会增加项目的资金成本。

### （二）社会资本联合体

从笔者对全国农田水利 PPP 项目进行的调研情况来看❶，农田水利 PPP 项目的社会资本以联合体为主。在传统的 BT 模式中，为了增强自己的实力，提高自身的中标几率，投标方经常会采用联合体的方式（能力和资源组合）。这种方式是通过联合体成员之间，签订约定分工和责任人以及联合体协议，来提高自身的资格和能力，从而提高中标几率。在建设或采购事项完成后，联合体即予以解散，不要求联合体共同出资组建项目公司。在 PPP 模式下，虽然联合体本身是一种临时性的组织，没有形成具有公司性质的法人实体，在项目公司成立之后，每一名联合体成员都应该按照联合体协议承担各自的分工与责任。但是从 PPP 项目实践情况看，联合体成员的分工和责任并不明确。例如，北京顺义项目、河北威县项目和云南元谋项目的社会资本都为联合体，从现有文件上看，存在联合体成员在中标后各方责权利不明等问题。因此，在 PPP 模式下，联合体方式的社会资本在中标后的有关事项还需要进一步明确和规范。

### （三）农民用水合作社参与的问题

云南陆良、元谋两个都将农民用水合作社作为社会资本，前面提及这一运作机制

---

❶ 李香云. 农田水利 PPP 模式调研及相关对策建议［J］. 水利发展研究，2019，19（1）：25－30.

具有更好的适用性和实用性。然而，这一方式在操作上，还需要解决合规性问题。依据项目的实施方案和合同约定，政府负责组织成立农民用水合作社及出资入股问题。为促使农民会员能够自愿出资，承诺入股资金不低于4.95％的年回报率（由项目公司承担）。然而，在本项目中，社会资本招投标时确定的社会资本联合体中，并没有农民用水合作社，而且农民用水合作社也并非企业法人，因此并不能作为社会资本，有鉴于此农民用水合作社作为社会资本的出资人资格，就存在合规性问题。

### （四）节水奖励与总量控制目标

在农田水利工程PPP项目中，不少项目都设计了节水奖励机制，明确了实际用水量低于水权分配量，政府将对差额部分给予节水奖励；反之，若实际用水量高于灌溉定额，超出部分就会被征收超额用水费；若实际用水量在水量分配量至灌溉定额之间，则不奖不罚。农业是用水大户，将节水奖励与总量控制目标相结合的激励机制，有利于各方利益的均衡，但是从项目实施方案、项目合同等方面看，水权分配、年灌溉定额、总量指标并不明确，相关内容有待完善。

## 三、应关注的一些方面

### （一）回报机制与收益兜底问题

回报率涉及社会资本的资金投入、使用者付费产品的规模和价格即供水量和水价的问题。实践中，在水价方面，农业水价一直是个难题，特别是对于传统种植业更是十分复杂，始终面临着提价农民难以接受、不提价工程难以良性运行的"两难"困境；在供水量方面，由于用水总量控制与定额管理、农业用水零增长等节水政策和要求密切相关，也使得供水项目的边际回报受到影响。由于农业水价具有承受能力有限的特点，以及随着节水政策的实施和深化，供用水总量受到控制，一些地区也明确了农业用水零增长，单纯通过使用者付费来满足社会资本的回报率，若项目的收益差，则会造成社会资本无力支撑退出，最终农民不能享受社会资本带来的理念、技术、管理红利，同样也失去了引入社会资本的意义；而采用政府可用性付费机制，虽然增强了项目的吸引力，但会受到政府财政实力的影响，有的地方财政可能无力或不愿长期承受，同时如果考核机制不健全，也会增加社会资本在技术、服务等方面的激励动机不足的可能性。

由于农田水利项目公益性强、投资风险较大，难以吸引社会资本，或者在项目执行过程中因收益不理想而中途退出，对于可行性缺口补助项目，一些项目采取"收益兜底"的方式保障社会资本获得其投资回报。例如，有的项目的收益兜底，增加了政府支付规模，影响了政府对项目支持的积极性；有的项目为政府付费，但实际上仍有一定的收费和收益空间，可以采取可行性缺口补助的回报方式。这些操作方式，早期被视为吸引社会资本参与的经验，但由于易形成政府单方面承担市场风险的风险不对等投资模式，成为《关于进一步规范地方政府举债融资行为的通知》（财预〔2017〕50 号）文件中列举的违规行为之一。

农田水利项目需要引入投资者，而投资者需要在公益性较强的情况下，获取合理回报，这在一定程度上是个悖论。因此，如何在风险控制机制下，避免收益兜底，即避免一方承担市场风险，又能吸引社会资本参与并提供优质服务，增强农田水利工程 PPP 项目吸引力的方式方法，还需要进一步探讨。例如，从激励角度考虑合理化的政府付费问题，如建立绩效考核、明确对价支付标准、方式和路径等。

**（二）农业水价机制与水费收取**

农田水利项目近些年推行的农业综合水价改革和精准补贴机制尚未完全到位，影响使用者付费回报机制的落实，最终影响项目的可持续性。

农田水利项目以服务性和准公益性（公益性）为主，涉及地块面积大，用水户分散，各用水单元种植结构不同、管理难度大，加之农业水价较低、水费收取难度大，直接影响项目收益。国家多年来推进农业综合水价改革和精准补贴机制，但受各种因素影响，项目盈利能力与水价、水量、运营成本和财务成本相关，在难以全面形成合理水价机制的情况下，社会资本投资回报存在一定问题，因此长期以来农田水利设施较难吸引社会资本参与。调研中了解到：①由于按合理水价收取难度大，如在北京市，由项目公司收取水费与现有政策规定有冲突，这是因为相关政策规定村委会为收费主体；②针对目前工程供水价格水平偏低等问题，政策允许社会资本参与的水利工程供水价格，实行由项目投资经营主体与用户协商定价，价格调整不到位时，地方政府可根据实际情况安排财政性资金，对运营单位进行合理补偿等，但在执行层面难度大，特别是经济水平较低的地区；③农田水利项目实际都有一定收入，从上述项目案例情况看，多对特许经营权的收费细则及金额确定缺乏具体规定，政府付费通常用可用性服务费及运维服务费等体现，较为笼统，也容易造成兜底与承诺回报等违规嫌疑。若农田水利项目涉及地块面积大，用水户分散，各用水单元种植结构不同、管理难度大、成本高，直接影响项目收益。

在这方面，元谋项目的水价机制值得借鉴，其做法包括农田水利水价政策搭台、农民用水者协会收取水费等。

**（三）对社会资本的产权激励**

PPP 模式下，如果在合同中设立必要的激励机制，在建设期可以避免传统模式下超概、超期等问题，在运营期设计有效的奖惩机制，可以确保产品或服务符合要求和标准，提升项目质量。如何建立有效的激励相容机制，笔者认为是 PPP 政策研究中一个不可忽视的问题。在实证研究中发现，只有个别项目设计了建设成本节约奖励机制，有的调研地区有想法，但认为缺少政策规定，无法纳入合同中；在运营期，有的项目设计了节水激励机制，但由于存在供水与节水两个矛盾体共存情况，缺少总量控制目标，有的项目提出的节水奖励措施，但相对于节水投入与管理，力度较低；有的项目缺少激励措施，方案设计过于依赖"使用者付费＋政府可行缺口补助"。因此，为更好发展农田水利工程 PPP 项目，研究设计一套既符合社会资本"盈利但不暴利"，而政府又能有效控制监管的运营激励政策机制十分重要和必要。

此外，理论上，产权激励是最好的一种激励方式，对于农田水利设施产权的转让不乏是一种好的做法。然而，对于采用 TOT 模式的项目，由于对现有项目进行运维，存在水利设施产权过渡问题，将现有农田水利设施纳入项目公司管理范围，现实中也较为困难。如北京顺义区农田水利设施产权有多种，对于村集体、村民自建部分产权难以移交，其收费和管理难度大，影响收益。对于农田水利设施推行产权激励，无疑是解决投资回报问题的一种有效路径。

# 第七节　农田水利工程 PPP 模式构建的关键因素

## 一、选择好社会资本参与农田水利工程运营的适宜模式

从目前的情况来看，国家和地方为解决农村集体经济实体、农村农田水利设施管护等问题，提出了一系列的改革措施（图 4-8），这些改革措施已经在基层发挥出重要的作用，并产生了一定的影响。因此，农田水利工程 PPP 模式的选择，对现有的各项政策进行有效利用十分重要，比如农业专业合作社、农业用水合作社等。此外，农田水利与城市水利不同，运营管理成本高、难度大，投融资风险也相对较高，PPP 模式需要根据各地以及农田水利改革进展程度等方面的情况，选择适宜的运用管理方式。

2002年，国务院办公厅转发《水利工程管理体制改革实施意见》提出以明晰产权为前提，成立各种用水合作组织，采用市场化的方式（承包、租赁）运作小型农田水利

2003年，水利部颁布《小型水利工程管理体制改革实施意见》

2005年，国务院办公厅转发《关于建立农田水利建设新机制的意见》，规定在农田水利工程规划、设计、投资、建设和运行管理中有关方面的责任，并强调了农户的参与。

2005年，水利部、国家发展改革委、民政局联合印发《关于加强农民用水户协会建设的意见》，明确了发展农民用水户协会的重要性、权利义务、组建程序、运行和能力建设等

2011年，中央1号文件《关于加快水利改革发展的决定》提出，要明确所有权和使用权，落实管护主体和责任，对公益性小型水利工程管护经费给予补助，探索社会化和专业化的多种水利工程管理模式

2014年，水利部、财政部、国家发展改革委联合印发了《关于开展农田水利设施产权制度改革和创新运行管护机制试点工作的通知》，并在全国选择了100个县开展试点工作，要求用3年左右时间取得突破和成效，实现农田水利设施"产权明晰、权责落实、经费保障、管用得当、持续发展"的总体目标

……

图 4-8　国家出台的有关农田水利设施改革创新政策要点（部分）

总地来说，农田水利工程如果采用 PPP 模式，需要以项目边界的清晰程度、收益状况、风险结构等为依据，来确定采取单一型运作还是复合型运作，具体包括 DBOT、TOT＋DBOT 和 TOT＋BOO 等，各种模式的优缺点可参见表4－6。

表4－6　　　　　　　　不同农田水利设施类型适宜模式

| 范　围 | 工程特点 | 采 用 模 式 建 议 | | |
| --- | --- | --- | --- | --- |
| | | 主要模式 | 主要特点 | 回报方式 |
| 项目实施范围 | 以向乡村企业、果园、种植场、养殖场供水为主，兼有村民生活供水任务的经营性的供水工程 | 模式一<br>DBOT（＋农民用水专业合作社） | 优点：考虑社会资本合理投资回报，责权利明确，避免产权之争；<br>缺点：项目规模、投资回报等问题复杂；用水专业合作社参与方式 | 按 PPP 政策要求和规范实施，通过使用者付费、政府购买服务、以奖代补等方式获取投资或服务回报 |
| 合理地域范围 | | 模式二<br>TOT＋DBOT＜EPC（＋农民用水专业合作社） | 优点：考虑新旧农村水利设施的统一运营，盘活现有水利存量资产；<br>缺点：程序相对复杂；用水专业合作社参与方式 | |
| | | 模式三<br>TOT＋BOO＜EPC（＋农民用水专业合作社） | 优点：协议关系相对简单，能够利用较少的资金成本解决公益性较强的农村水利设施的建设问题；<br>缺点：项目测算和操作复杂；农民用水专业合作社参与方式 | |

## 二、明确农田水利 PPP 项目盈利模式与风险分配

近些年来，国家和地方加大了对农田水利工程的投资，尤其是重点地区、重点领域的项目的投资，中央补助比例大幅提高，尤其是中、西部地区，中央补助资金多超过 60％，同时取消了贫困地区的配套资金，总体而言，政府的投资力度较大。社会资本参与农田水利建设，会带来新的理念和新的方式，从而提高投资效率，但同时，社会资本的投入也必须获得一定的回报，这就需要仔细分析项目盈利情况，设计好回报机制，建立好量化的风险分配方案。

由于农田水利项目公益性较强，调价和收费机制实施起来绝非易事，因此，笔者认为，在融资环境较好的情况下，要对融资结构进行优化，设置合适的资本金的比例，降低资金的使用和融资成本：一是可按两阶段资本金设置，即分项目建设期和运营期两个阶段，分别设置不同的资本金规模；二是可按照运营期资金需求设置。

此外，政府和社会资本在签订协议时，要摒弃"保障社会资本基本收益"甚至是"零经营风险"的观念，要在详尽的盈利能力分析和调查基础上，确定好收益回报机制，明确双方的收益风险分配机制。原则上，政府要承担政策变化以及政府责任不到

位，导致的投资风险；社会资本要承受因经营不善而导致的投资收益风险。

### 三、明确政府出资人代表，明确政府的服务和监管责任

农田水利项目直接关系到"三农"问题，政府责任重大，在具体事务的处理上，更需要政府出面解决。因此，必须明确政府出资人代表，加强项目运营过程的监管，督促社会资本按合同约定对项目进行投资和管理，及时解决项目运营过程中出现的各种问题，对项目质量或服务水平进行检测和评价，保护好公众利益和社会资本权益，公平合理地保障项目运营的质量。

政府可以选择委托出资人代表以股权形式出资，也可以选择以财政补贴、补助等方式支持项目。如果采用前者，按照国家 PPP 政策规定和要求，政府出资人代表在项目公司中的持股比例应该低于 50%，并且不具有实际控制力及管理权，其所承担的出资应能计入政府承担的股权投资支出责任。

### 四、引入农村用水专业合作社等机构参与

引入农民用水专业合作社（农民用水者协会、农民用水合作社）这个参与主体，不仅能发挥群众参与的作用，还能解决项目运营期间的收费、设备维护等问题，这是 PPP 模式的一项重要机制创新。然而，从目前的操作方式看，将农民用水专业合作社界定为社会资本还存在问题，这是由于农民用水专业合作社若为社会资本，一是必须为具有现代管理制度的企业法人；二是需要按照 PPP 模式进行操作，如参加招投标、与政府签署相关协议等，而不是与中标的社会资本签署合作协议。

因此，为有效、规范发挥农民专业用水合作社参与机制的作用，就要明确农民用水专业合作社的主体身份（社会资本还是合作伙伴）以及参与机制：一是要作为社会资本，就要符合 PPP 项目对社会资本的认定要求；二是作为项目公司合作伙伴，需要与项目公司签订《合作协议》。

# 第五章

# 农村供水工程 PPP 模式
# 实证研究

农村供水是一项重要的农村水利基础设施，它是我国新时期实施的新农村建设和乡村振兴战略的关键环节和重要基础，也是城乡基本公共服务均等化的重要内容。从早期的农村饮水解困、饮水安全到巩固提升，从农村人饮到农村供水，农村供水的目标、重点、内容等方面都发生了较大的变化，也形成了多种形式的农村供水设施建设运营模式。与过去相比，农村供水条件得到了显著改善；但与发展相比，整体水平与城市供水水平仍有较大差距。为了解决目前我国农村供水工程建设和服务中存在的实际问题，如资金投入、标准制定和长效管理机制等。PPP 模式是一种值得采用的方式。

## 第一节　农村供水发展与现状

### 一、概念与特点

农村供水是指向县（市、区）城区以下（不含县城城区）的镇（乡）、村（社区）等居民区供水，以满足村镇居民、企事业单位和第二、第三产业的用水需求，不包括农业灌溉用水。

我国农村人口在逐年减少，而且居住地分散。根据 2020 年第七次全国人口普查资料❶，居住在乡村的人口有 5.10 亿人，占总人口的 36.11%。与之形成鲜明对比的是，上轮的人口数为 6.74 亿人，占总人口的 50.32%，10 年中乡村人口减少了 1.64 亿，下降趋势十分明显。据相关统计资料显示，全国行政村总数为 74.83 万个❷，乡镇级行政区有 3.86 万个❸，农村人口居住规模不大、呈分散分布状态。这种分散化的分布状况，使农村供水在水量、水质和安全保障等方面，都与城市供水存在着很大的

---

❶ 中国统计网，第七次全国人口普查主要数据。
❷ 中国统计网，全国乡镇、行政村（居委会）户数、人口按地势分组（1996 年年底）。
❸ 中国统计网，中国统计年鉴 2022。

不同。农村供水受到地形、地理条件、气候、水源等因素影响，也更为复杂，实现集约化供水的投资和运营成本都比较高。

总体上，农村供水起步较晚，投资标准低，工程设施点多面广、分布分散，工程战线长，服务对象特殊，具有基础性、准公益性、垄断性、群众性、形式多样和维护管理难度大的特点。从供给角度看，供水规模越小，影响供水水量、水质、保证率、长效管理的因素就越多；反之，当供水规模越大时，集约性越好，项目投资效益就会增加，运营管理水平就会提高，城乡基础设施均等化的特征就会更加显著。

### 二、从农村人饮到农村供水的发展

我国先后通过与水利工程建设相结合，解决了水源问题，从防病改水，到解决人畜饮水困难工程，实施农村饮水解困和农村饮水安全工程建设，以及到目前的城乡供水一体化等工程，提升了农村供水基础设施的水平。尤其是，随着我国经济社会发展水平的不断提高，水环境状况的持续变化，以及城乡居民公共设施均等化的内在发展需求，国家在解决农村居民饮水问题上，投入了较大的力度。

从我国农村供水发展历程看，在不同时期，国家在解决农村饮水问题上所采取的措施、制定的标准、实施项目的内容和工作内涵也各不相同。通过对相关资料的梳理和总结分析，笔者将其划分为四个阶段，分别是：结合农村水利建设缓解部分地区农村饮水困难阶段、实施防病改水有计划地解决农村饮水困难（含人畜饮水困难）阶段、解决和巩固提升农村饮水安全阶段以及从农村饮水走向农村供水安全阶段（也就是城乡供水设施均等化阶段）。

#### （一）解决部分地区饮水困难（1976 年前）

在这一阶段，水利基本建设投资在全国基建投资中，所占的比例很低，仅占 7％左右。在农村饮水方面，主要是与以灌溉排水为重点的农田水利基本建设相结合，建设了一批水源工程；与兴修蓄、引、提等灌溉工程相结合，采取以工代赈的方式，以及在小型农田水利补助经费中安排专项资金等措施，解决了一些地方农民的饮水困难。进入 20 世纪 60 年代之后，一些地区的水利部门开始有计划地建设农村饮水工程，以家庭为单位组织缺水地区群众，挖水窖、打土井、修水池，在一定程度上解决了饮水困难问题。

#### （二）有计划地解决农村饮水困难（2004 年前）

为了缓解 1972 年北方旱灾造成的农村大面积饮水困难，国家将农村饮水问题正式提上了农村水利工作的议事日程，采取了从小型农田水利补助经费中划拨专项资金、以工代赈等方式，来支持农村饮水问题的解决。之后，国家启动和开展防病改水和人畜饮水等工程，并将解决农村饮水困难列入"八五"计划，以后每一个五年计划均将解决农村饮水问题纳入其中。从 2000 年到 2004 年，国家财政拨款 103 亿元，地方及群众自筹资金 91.9 亿元，解决了 6004 万人的饮水困难。到 2004 年底，基本解决了 1984 年确定的农村饮水困难人口的饮水问题。

**（三）由解决农村饮水困难转向农村饮水安全（2005 年以后）**

2005 年以来，随着我国经济和社会的发展，城镇化水平不断提高，农村人口不断减少，2010 年的农村人口就比 2005 年下降了近 10％。在这段时间里，农村饮水工作的重点已经从解决农村饮水困难转移到了农村饮水安全，政府在这段时间里投入的资金也是最多的，2011—2015 年，仅中央投资就达到 1200 多亿元。随着中央与地方财权与事权的划分，2016 年开始，农村供水的投入主要以地方为主，在 2018 年完成的 1205 亿元投资中，中央补助性投资只有 143 亿元。至此，农村人口的饮水困难问题基本得到了解决，并且形成了比较完善的农村供水工程体系。

**（四）从农村饮水安全走向农村供水安全（2019 年始）**

从 2019 年开始，随着国家乡村振兴战略的推进与实施，以及城乡公共设施均等化等政策导向，农村饮水工作的重点逐渐转向了农村供水保障，其着力点是农村供水规模化标准化建设。在这期间，国家的投融资体制进行了较大的改革，PPP 和 BOT 模式等新型融资工具和模式进入到农村供水领域中，农村供水的管理体制机制也发生了很大的变化，以提高农村供水保障为目标的城乡供水一体化模式，成为目前吸引社会资本参与的主要模式。

### 三、农村供水趋势与面临的挑战

**（一）对发展趋势的判断**

从基础设施建设以及城乡公共服务均等化的视角来看，农村地区的供水设施依然十分薄弱，这与乡村振兴的目标要求还不相适应，亟待进一步发展，主要体现在以下方面：

（1）城乡供水均质化。对农村饮用水水质标准等，以及在工程措施和强化水质保障等管理措施方面，应该实行城乡统一标准，保证农村居民与城镇居民饮用同样标准的水。

（2）规模化集中供水。在具备供水规模化发展条件的地区，建设集中连片供水工程，其工程形式具体包括了城乡供水一体化、联村或联乡镇供水等。发展规模化供水，在提高供水保证率，合理分配水资源，加强水源保护，加强运行管理，获得规模化效益等方面，都有着得天独厚的优势，它是农村供水发展的主流趋势和主要方向。

（3）分散供水标准化和联网化。由于受地形、水源、居民居住区分布等诸多因素的制约，一些地区不能建设大规模的集中连片工程，农村居民饮水仍然需要通过小规模的集中或分散联网供水工程才能获得，其建设管理需要按城镇化水平进行。

（4）工程运行长效化。农村供水工程能够稳定提供符合标准和要求的饮用水。在管理上，要建立科学的集中供水和网络供水的现代企业管理制度，建立一套符合市场规律，有利于供水工程长期良性运行的管理体制。

**（二）面临挑战**

经过多年的发展，农村供水建设取得了长足进步，农村居民用水状况得到了明显改善。但是，由于多种因素的影响，目前我国农村供水水平和城市供水水平存在较大差距，在发展过程中面临着很多挑战，具体如下：

（1）农村供水建设资金筹措压力大。自从农村供水工程开始实施以来，主要采取了中央补助一点、地方财政配套一点、用水农户拿一点、社会力量投资一点的投融资模式。在中央和地方事权和财权划分后，农村供水工程建设实行的是中央统筹、省负总责、市县抓落实的政策，因此，中央补助资金大幅减少，且主要用于补助贫困地区和贫困人口，地方筹资规模增大。在财政收入增幅有限的情况下，对于财政困难的地方，农村供水建设资金严重短缺，地方政府筹措资金压力很大。而在当下，解决农村供水问题的要求很高，资金需求量也很大，原有的投融资模式已经不再适用，针对农村供水收益水平不高的情况，需要建立起一种适合市场需求的投融资模式。

（2）建设标准需要升级。目前，在人口较集中、地势较平缓的地区，农村供水基础设施已经基本到位，但是与城市相比，其供水的稳定性和安全性还有很大的提升空间。由于当时的政策出发点、资金投入、技术等因素的制约，导致建设标准偏低，投资标准不高，供水工程的布局和设计不尽合理，既影响供水成本，也影响高效管理，更影响农村居民享有充分的、均等的供水服务。

（3）供水工程的运行管理体制机制还不适应发展的需求。在农村供水工程完成之后，需要进行维修、养护和收费等运行管理事务。在政策方面，全国各地对城市供水都给予了较稳定的财政补贴。但是，农村工程点多、分散、面广，维修养护基金不仅数量有限，而且多数资金来源还不固定，只能用于一般性检修维护，因此不能保证所有农村供水工程都能实现可持续的良性运行。目前，我国农村供水工程的建设水平、运营管理主体、运营补贴及监管力度均远不及城市供水。

（4）农村供水模式需要创新与改进。目前，我国农村供水工程主要通过新建水源工程、配水系统和供水网等方式（也就是所谓的"点对点"供水方式）来实现饮水安全，这就造成了目前农村供水工程面广量大，单工程规模小，相当一部分农村供水工程产权不清，供水成本高，同时也难以摆脱水量和水压的限制。

# 第二节　主要支持政策及适用性分析

我国 PPP 政策明确了适用 PPP 模式的项目特点和适用领域。总体上，PPP 模式适合农村供水，PPP 模式在农村供水中的应用是可行的。

## 一、属于 PPP 政策鼓励发展领域

《关于鼓励和引导社会资本参与重大水利工程建设运营的实施意见》（发改农经〔2015〕488 号）提出，鼓励统筹城乡供水，实行水源工程、供水排水、污水处理、中水回用等一体化建设运营，使农村供水项目，尤其是城乡供水一体化项目，采用 PPP 模式有了充分的政策基础。

## 二、农村供水 PPP 模式的相关政策支持

前文提及的历年中央 1 号文件中，均提出要鼓励社会资本参与农村水利基础设施建设运营的要求。国家对此也有很多政策上的支持。其中，国务院办公厅《关于创新农村基础设施投融资体制机制的指导意见》（国办发〔2017〕17 号）明确了农村道路、供水、污水垃圾处理、供电、电信等基础设施的公共产品定位，提出要按照政府主导、社会参与的原则，优化投融资模式，对农村供水、污水垃圾处理等有一定收益的基础设施，建设投入以政府和社会资本为主，积极引导农民投入，提高建设和管护市场化、专业化程度。

中共中央 国务院《关于建立健全城乡融合发展体制机制和政策体系的意见》（2019 年 4 月 15 日）提出，要推动公共服务向农村延伸，健全城乡一体的基本公共服务体系，推进城乡基本公共服务标准统一、制度并轨；对乡村供水等有一定经济收益的设施，积极引入社会资本，并以政府购买服务等方式引入专业化企业，提高管护管理的市场化水平。《水利发展资金管理办法》（财农〔2019〕54 号）规定，鼓励采用 PPP 模式开展项目建设，创新项目投资运营机制，明确对农村饮水工程的维修与养护，可以使用水利发展资金等政策。

在地方层面上，全国许多地方已开始制定出台关于农村供水的地方性法规。其中，四川、湖北等 9 个省（自治区、直辖市）出台了村镇供水条例，或以省政府令颁布了农村饮水安全管理办法，27 个省（自治区、直辖市）政府分别出台了农村饮水安全工程建设管理的规范性文件，农村供水管理逐步规范，这为农村供水 PPP 模式的实施与推广打下了良好的制度基础。

# 第三节　典型案例的选取与分析重点

## 一、总体情况

笔者于 2019 年跟踪了农村供水 PPP 项目情况。依据不完全梳理结果，截至 2019 年 8 月，在全国 PPP 综合信息平台中，共有 85 个涉及农村供水的 PPP 项目，这些项

目分布在全国 22 个省（自治区、直辖市）。其中，湖南省是最多的省份，有 18 个农村供水项目，占比 21%，超过全国的 1/5；其次为贵州省，有 11 个项目；四川、河北和天津等 8 个省（自治区、直辖市）只有 1 个（图 5-1）。

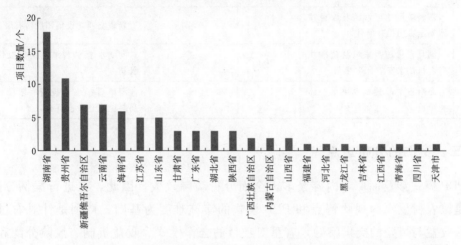

图 5-1　我国农村供水 PPP 项目情况（截至 2019 年 8 月）

按照 PPP 项目的 5 个阶段实施流程，进入执行阶段的项目多为 2016 年和 2017 年入库项目，占项目数量的 59%（图 5-2）。

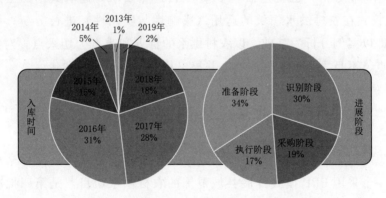

图 5-2　我国农村供水 PPP 项目进展情况

目前，农村供水 PPP 项目有水利类和市政类，分别由水利部门和市政部门作为项目实施机构。受城乡供水二元管理模式的影响，农村供水城乡一体化发展态势日益显著，城乡供水一体化 PPP 项目较多。

## 二、典型案例的选取

综合考虑地区差异、社会经济发展水平和水资源状况、项目特点与项目进展阶段等因素，从农村供水的特点与难点、回报机制等方面，选取典型案例。

典型案例基本情况见表 5-1。

表 5-1 典型案例基本情况

| 序号 | 项 目 名 称 | 合作期限/年 | 项目总投资/亿元 | 社 会 资 本 |
|------|------------|-----------|---------------|-----------|
| 1 | 新疆塔城地区沙湾县农村饮水安全巩固提升项目 | 30 | 1.73 | 新疆交通建设集团股份有限公司 |
| 2 | 湖北省恩施州来凤县精准扶贫农村饮水安全 PPP 项目 | 10 | 3.75 | 湖北水总水利水电建设股份有限公司 |
| 3 | 海南省屯昌县城乡供水一体化项目 | 20 | 1.39 | 海南百福水务投资有限公司、屯昌县城市建设投资有限公司 |

### 三、案例的分析重点

PPP 模式涉及面广，内容繁多，全面分析篇幅较大。因此，在进行案例分析时，主要是以农村供水的现状特点和 PPP 模式的实施难度为基础，特别是针对农村供水的投资收益与风险的突出问题，着重对项目的合作模式、收益机制、风险分配和监管方式等内容进行分析，以使案例分析更加具有实用性。

案例分析部分采用了统一的表达方式，大致可以分为三个部分：第一部分是案例基本情况的介绍，对项目的提出（触发）进行描述，即采用 PPP 模式的动机；第二部分是案例运作机制分析，也就是根据 PPP 项目运作要求，选取其中的重点与难点内容，对 PPP 模式在农村供水领域的运用（影响性与实用性）进行分析；第三部分是案例评析，即以案例分析为基础，以农村供水的特点和难点为切入点，对案例项目的特点、创新点、不足之处等进行评判，并提出相关的操作方案和建议。

## 第四节 湖北来凤县 PPP 项目案例与点评

湖北省恩施州来凤县精准扶贫农村饮水安全 PPP 项目（以下简称来凤县项目），是湖北省第一个采用 PPP 模式开展县域范围的农村供水项目，是第四批次国家 PPP 示范项目。项目发布时间为 2016 年 5 月，县政府于同年 10 月批复了项目实施方案（来政发函〔2016〕58 号），并与社会资本签订了 PPP 项目协议。

### 一、基本情况

来凤县位于湖北省西南端，原为国家扶贫开发工作重点县。境内水资源丰富，但因喀斯特地貌，保水能力差，雨停水漏，天旱时节高山地区的群众往往半夜起来排队等水。我国自 1996 年开始解决农村"饮水难"问题以来，经过"八七扶贫攻坚""十一五"和"十二五"人饮工程建设，基本解决了农村 19 万多人的"饮水难"问题。由于饮水工程规模较小，安全隐患较大，不少设施时用时停，孳生多种有害虫豸，导致返修率较高，保障率较低。来凤县在实施精准扶贫之后，把农村饮水安全作为脱贫攻坚、农村基础设施建设等方面的"头号工程"。2014 年县水利局组成专班，经过四个月的调查，发现全县 28 万农村人口中，有近一半的群众存在饮水不安全的问题，尤其是有 46 个贫困村、7.6 万人口仍存在饮水困难。当地政府在总结以往农村饮水工作经验和教训的基础上，认为规模越大，运行成本越低，存活率也就越高，因此决定改变过去"小打小闹"和低效重复建设，把过去"小厂小网，零散孤立"的局面，转变为"大水，大厂，大网，新机制"。由于新做法的投资规模较大，而当地政府债务水平高、融资能力不强，故决定采用 PPP 模式。

按照项目的物有所值综合评价结果，得分为 83.45，说明采用 PPP 模式具有较高的优势。

## 二、合作机制

### （一）合作模式

来凤县项目采用建设—运营—移交（BOT）模式，合作期为 10 年（含 1 年建设期），其合作框架如图 5-3 所示。项目公司成立后，负责该项目以及后续注入的资产项目的建设、运营、管理和维护。

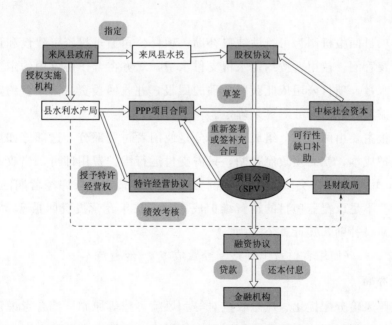

图 5-3  来凤县 PPP 项目合作框架

工程主要包括：在来凤全县范围内，新建 27 座水厂，铺设输水管网 1069.11km；最终形成日供水能力 72415t，可保障 28 万人的农村人口饮用水安全。

来凤县政府授权县水利水产局作为项目的实施机构，负责项目准备、采购、监管和移交等项目管理工作，并与选定的社会资本签订 PPP 协议；同时，来凤县凤天水务投资建设有限责任公司代表政府参股项目公司，并与社会资本签订股权协议。

**（二）投融资结构与回报机制**

**1. 投融资结构**

实施方案中确定的项目总投资为 3.95 亿元，社会资本中标价为 3.75 亿元。社会资本方为湖北水总水利水电建设股份有限公司，股权投资为 5737.5 万元，占注册资本的 51.0%；来凤县凤天水务投资建设有限责任公司作为政府出资人代表，出资额为 5512.5 万元，占注册资本的 49.0%。具体情况见表 5 - 2。

表 5 - 2　　　　　　　　　　来凤县 PPP 项目股权结构

| 序号 | 股　　东 | 政府或社会资本 | 出资额/万元 | 股权比例 |
|---|---|---|---|---|
| 1 | 湖北水总水利水电建设股份有限公司 | 社会资本 | 5737.5 | 51.0% |
| 2 | 来凤县凤天水务投资建设有限责任公司 | 政府 | 5512.5 | 49.0% |
| | 合计 | | 11250.0 | 100% |

项目资金缺口 2.83 亿元，由项目公司通过银行贷款方式筹集。

**2. 回报机制**

来凤县项目回报机制为可行性缺口补助。项目公司通过投资、建设和运营本项目建设的水厂及管网，使用者按约定水价支付水费，双方在合作协议中约定提供的基本水量即保底水量，项目公司依此获取合理的回报，并收回投资。其中，约定的保底水量及水价，需经专业的财务测算来确定。

投资回报主要由两个部分组成：一部分是使用者付费部分，这部分如果能覆盖项目的运营维护成本，就无须政府补贴，只需支付运行维护费用即可，当收益超过运营成本 7% 时，由政府和社会资本约定比例分成；另一部分是特许经营期的运营维护，当使用者付费不足以覆盖项目的运营维护成本时，按年经营投资回报率 7%，对项目进行可行性缺口补助，其计算公式为

$$（使用者付费＋补贴－经营成本）/经营成本＝7\%$$

**3. 风险分配**

项目按照风险分配优化、风险收益对等和风险可控等原则，综合考虑双方风险管理能力、项目回报机制、市场风险预测能力等因素，在政府方和社会资本方之间对项目风险进行合理分配。原则上，项目设计、建造、财务和运营维护等商业风险由项目公司承担，法律法规和公共收费等风险由政府承担，不可抗力等风险由政府和项目公司合理共担。项目风险分配的主要内容见表 5 - 3。

表 5 – 3　　　　　　　　　来凤县 PPP 项目风险分配与防范

| 风险类型 | 概　述 | 风险分担及控制 |
|---|---|---|
| 建设风险 | 项目设计是否合理；建设成本会否超支；项目能否按时完工；建设质量能否得到保障等 | 1. 主要由社会资本方承担，并要求购买有关商业保险、提交建设期履约保函、签订固定总价合同等；<br>2. 政府方通过监理、参与招标等方式加强过程监督，确保选择合格的设计/施工单位 |
| 审批风险 | 因程序审批等原因导致项目无法开工，或工期延误 | 由政府方承担，给予社会资本必要的宽限 |
| 试运行风险 | 试运行能否实现稳定达标运行从而达到运营的标准 | 1. 因技术、管理原因所致由社会资本承担，将运营和付费开始时点与试运行合格挂钩；<br>2. 因客观条件所致则应由政府方承担，给予合理的成本补偿 |
| 运营风险 | 设备设施是否正常运转、项目产出能否达到既定绩效标准、运营成本能得到合理控制、管理是否到位等 | 1. 由社会资本承担，在相关合同中明确关于固定资产维护与大修理的条款；明确绩效标准并与付费严格挂钩；要求购买有关商业保险；<br>2. 政府加强日常考核和定期绩效评估 |
| 财务风险 | 融资失败，融资成本较高，财务管理不善 | 1. 由社会资本承担，提出一定比例的资本金要求，督促项目公司制定和落实合理的资金投入与使用计划；<br>2. 政府方给予必要的融资便利，选择财务实力较强的社会资本合作伙伴 |
| 市场风险 | 通货膨胀风险 | 由政府方承担，通常通过定期调价公式予以抵消物价变动影响 |
| 不可抗力风险 | 不能预见、不能避免并不能克服的客观情况所带来的风险，如地震、洪水等自然灾害 | 政府方和社会资本共同分担，可要求社会资本购买商业保险转移风险，同时约定应急处置程序，将损失控制到最小范围 |
| 政策法规风险 | 如项目执行的政策/法律、技术标准发生变更，导致项目投资或成本增加 | 由政府方承担，并在项目协议中明确与现行法律法规、行业标准及其变更相一致的条款 |
| 政治风险 | 政治环境的变化、主政官员的更迭 | 政府方承担，尊重契约、加强长效机制建设 |

4. 绩效考核

来凤县项目为可行性缺口补助，因此根据 PPP 相关政策，需要对项目实施绩效考核。然而，无论是项目的实施方案还是项目的合同，都没有提及，这部分内容缺失。之后，按国家 PPP 监管政策，要对合同中的有关投资收益和风险承担进一步明确，来凤县水利水产局与项目公司签订了补充协议，约定了政府最大可行性缺口补助额为 1.42 亿元，但仍没有明确具体的考核标准和要求，其中包括了固定资产参与考核部分与运营绩效挂钩部分内容，仍然缺失。

### （三）社会资本和项目公司

来凤县项目通过公开招标的方法选择社会资本，中标人为湖北水总水利水电建设股份有限公司；中标价为 3.75 亿元，中标的资本金年投资收益率为 7％。

政府和社会资本组建了项目公司，为来凤县凤天农村供水有限责任公司，注册资本 1.125 亿元，占总投资的 30％；项目所需的剩余资金，由项目公司向银行贷款。

### （四）监管与退出

#### 1. 监管方式

本项目监管主要包括履约监管、行政监管和公众监督等。其中，履约监管十分重要。项目实施方案确定了定期评估机制、绩效的支付机制等监管方式，但没有给予具体落实。

#### 2. 退出机制

本项目退出机制设计较为简单，明确了项目特许经营期满后无偿移交给来凤县政府或政府指定机构。在实施过程中，如遇不可抗力或违约等原因，造成项目提前终止时，由来凤县水利水产局或者来凤县政府及时做好接管等。

## 三、案例点评

### （一）突出特色：大胆创新，解决了全县农村供水难题

笔者选取该项目为典型案例，其吸引点就是通过 PPP 模式，以解决全县农村供水的长治久安问题。从实地调研了解到的情况来看，为了实现全县范围内稳定的农村供水格局，县水利部门进行了大量的前期调研，制定了具有可操作性的方案，同时对原来的水厂和人员进行了重组，由当地人员组织实施，项目进展快，效果良好。

通过本项目的实施，在来凤县形成了城乡二元供水格局。

### （二）受采用 PPP 模式的动因影响，有关内容尚不够完善

来凤县经济发展水平不高，地方政府债务压力较大，融资方式单一，融资成本高。为了满足新时期农村供水高质量发展的需求，需要大量的资金支持，而为了解决发展与资金等方面的问题，人们进而选择了 PPP 模式。在此背景下，就出现了按照 PPP 模式的要求开展的 PPP 项目。项目总体上都比较规范，但因其本质是需要资金，因此在绩效考核以及监管与退出等方面，都存在着比较明显的不足，这也会导致后期的整改。但是，从另一个角度看，它又折射出了"实质重于形式"的现实存在的合理性。当然，隐性债务也要引起相当的重视。

## 第五节　海南屯昌县 PPP 项目案例与点评

海南省屯昌县城乡供水一体化项目（简称屯昌县项目），为第三批次国家 PPP 示

范项目。项目发起时间为 2014 年 1 月，于 2016 年政府和社会资本签订了 PPP 项目协议。

## 一、基本情况

屯昌县是海南省唯一的丘陵区，多年平均降水量在 2000mm 左右，但时空分布不均。根据第七次全国人口普查数据❶，居住在乡村的人口为 14.08 万人，占全县总人口的 55.15％；与 2010 年第六次全国人口普查相比，10 年中乡村人口只减少 1.54 万人，全县城市化水平还不高。

虽然经过多年的建设，农村居民饮水条件有了一定程度的改善。但是，因为当地经济水平不高，很多乡镇市政基础设施建设起步较晚，供水设施不完善，配水管网配套滞后，再加上许多已建成的农村饮水系统已经出现了问题。因此，当地政府认为，要解决供水量不足、供水管网老化、管道漏失严重、管网覆盖范围小、维护成本高等问题，关键就在于要实施城乡供水一体化，通过新建、管网延伸、改建、加强管理等方式，提高供水标准、供水质量和管护水平。由于工程投资规划大，资金投入和配套建设面临着较大的难题。因此，在 PPP 模式风潮下，屯昌县通过创新机制，引入社会资本参与水利基础设施的投资、建设与运营，促进县域公用事业的市场化发展。

需要说明的是，本项目名称虽为屯昌县"城乡供水一体化"，但实际上为屯昌县城乡供水一体化规划内容的一部分，该规划的另一个 PPP 项目"海南省屯昌县县域村镇供水一体化工程 PPP 项目"于 2016 年发布，未吸引到社会资本投资。

项目物有所值综合评分值为 78.576 分，表明采用 PPP 模式具有一定的优越性。

## 二、合作机制

### （一）合作模式

1. 合作框架

屯昌县项目以城市供水项目的经营属性为基础，项目实施方案将本项目定位为准经营性项目，采用了特许经营模式，特许经营期设定为 30 年（不含建设期）。实际运作上，采用的是 BLOT（即建设—租赁—运营—移交）模式，其合作框架如图 5-4 所示。

2. 合作内容

工程包括三个子项目。一是《屯昌县城镇供水工程（屯城镇及周边地区）项目》，服务范围包括屯城镇、西昌镇、坡心镇、晨星农场部分连队、中建农场部分连队、雨水岭生态公园等三个镇区及两个农场；二是良坡水厂（县城片区）配水管网工程，服

---

❶ 屯昌县第七次全国人口普查主要数据公报。

务范围包括屯城镇、坡心镇、中建农场及周边部分村庄；三是雷公滩水厂片区配水管网工程，新建镇区及周边村庄配水管道 120km，服务范围包括屯昌县枫木镇、乌坡镇、南吕镇、南吕农场及周边部分村庄。

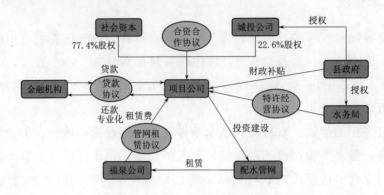

图 5-4 屯昌县 PPP 项目合作框架

项目公司负责筹措资金、项目建设和维护管理，在完成项目管网工程后，将其租赁给屯昌福泉自来水有限公司，通过租赁管网设施获得租金收入；对管网进行维护，收取维护费；若上述两项不能满足社会资本投资回报并收回投资，政府则需支付可行性缺口补助。租赁期满后项目资产无偿移交给屯昌县政府或其他指定机构。

3. 实施机构

屯昌县水务局是县自来水公司的行业主管部门，负有行业监管职能。根据有关资料，县水务局的实际授权取得，则来自 2015 年的县政府"百日大会战"集中办公会议纪要（〔2015〕3 号）。该会议在研究加快县城乡供水一体化 PPP 项目推进问题时，授权县水务局与项目公司签署特许权协议，授权县城投公司与中标人组建项目公司，并要求屯昌福泉自来水有限公司对"县水务局与项目公司签订的特许经营协议"出具具有法律效力的文件，以承接自来水公司原供水特许经营权（屯水字〔2008〕55 号），并确定政府方的股权投资调整为 22%（招标公告为 33%），以此确定了 PPP 项目的实施方案。

**（二）投融资结构与回报机制**

1. 投融资结构

据屯昌县发改委批复的可行性研究，项目的总投资为 1.84 亿元。项目公司由政府方代表屯昌县城投公司和社会资本方海南百福水务投资有限公司共同组建，双方签署合资合作协议和章程，注入资本金。

项目公司的资本金为工程总投资额的 30%，政府占 22.6%，社会资本占 77.4%；其余 70% 的资金，由项目公司通过贷款的方式筹集。最终的资本金规模按中标价 1.73 亿元的 30% 测算（表 5-4）。

表 5－4　　　　　　　屯昌县 PPP 项目股权结构（按中标价重新计算）

| 序号 | 股　　东 | 政府或社会资本 | 出资额/万元 | 股权比例 |
|------|----------|----------------|-------------|----------|
| 1 | 海南百福水务投资有限公司 | 社会资本 | 4022.0 | 77.4% |
| 2 | 屯昌县城市建设投资有限公司 | 政府 | 1176.0 | 22.6% |
| 合计 | | | 5198.0 | 100% |

2. 回报机制

屯昌县项目回报机制为可行性缺口补助，具体由管网使用服务费、管网租赁费和管网维护费三部分组成。

在项目建设阶段，项目公司以自有资金投入和债权融资的方式，开展项目建设，获得工程建设利润。项目建设完成投入运营后，将建成的输水管网的使用权租赁给屯昌福泉自来水有限公司，项目公司按管网租赁协议中的售水量阶梯区间收费约定获取回报，若管网租借收益不足以使项目公司收回投资并获得 8% 的内部收益率时，则政府通过可行性缺口补助方式，保证项目公司收回投资并获得合理的回报。管网使用服务费的期初价格根据中标人在投标文件列出的数值来确定。后经双方谈判后，又降低了管网使用服务费，管网使用服务费期初价为 1555 万元/年（比中标价下降 158.33 万元/年），管网维护费期初定价为 100 万元/年。

可行性缺口补助即为管网使用服务费减去管网租赁费和管网维护费，即

$$可行性缺口补助＝管网使用服务费－管网租赁费－管网维护费$$

3. 风险分配

按照项目的实施方案确定的风险识别与分配方案是：与融资、设计、建设和运营维护相关的商业风险由项目公司承担，具体包括按期完成融资、设计质量、技术风险、汇率风险、施工风险、完工风险、工程质量、投资超支、运营成本超支、安全生产、环境保护、专利侵权等；政府应承担土地获取、法律变更和项目征用等方面的风险；自然不可抗力风险由政府和项目公司合理共担。

4. 绩效考核

运营期内，政府主要采取定期考核和临时考核两种方式，对项目公司管网维护服务质量进行考核，并将考核结果与管网维护费的支付挂钩。

（1）定期考核。每个月的最后一周进行定期考核，并在规定的考核现场对管网的维护和运行状况进行现场检查。

（2）临时考核。政府可根据实际情况，随时对管网维护服务质量进行考核，如发现问题，须在 24 小时内书面告知。临时考核结果一般不作为项目公司违约情形处理，除非发现的管网维护服务质量问题可能导致重大安全隐患。

每半年度各月考核平均分为该半年度的管网维护服务得分，若在抽检过程中发现有不符合规定的情况，将扣减半年度考核平均得分。

本项目绩效考核以 85 分为合格分值。若半年管网维护服务得分超过（含）85 分，则全额支付该半年度管网维护费；若该半年管网维护服务得分低于 85 分，则每降低一分，将扣减 5000 元，并下调可行性缺口补助费用。其计算公式为

$$养护不达标的违约金 = 5000 \times (85 - 该半年度平均得分)$$

除此之外，无论是在定期考核时，还是临时考核时发现的问题，如果项目公司不能及时改正，政府可根据约定，提取项目公司提交的履约保函项下的相应金额。

### （三）社会资本和项目公司

屯昌县项目通过公开招标的方法选择社会资本，中标人为海南百福水务投资有限公司（牵头人）、海南天鸿市政设计股份有限公司和海南第一建筑工程有限公司组成的联合体。工程总投资 1.84 亿元，中标价为 1.73 亿元，管网使用费中标价为 1713.33 万元/年，后经协调谈判降为 1555 万元/年。

屯昌县城市建设投资有限公司与中标的社会资本海南百福水务投资有限公司（牵头人）共同组建了项目公司"屯昌惠众基础建设投资有限公司"。

### （四）监管与退出

#### 1. 监管方式

根据项目实施方案，主要行政监管内容有：新建项目的质量监管、设施的运营和维护状况检查、水质监管、成本监管、定期评估等。根据项目合同的相关内容，项目监管还包括履约监管，绩效考核等。

#### 2. 退出机制

本项目对提前终止事项约定得十分明确和具体。在项目合同中，对双方可以提前终止合同的各种情况，并对接管的处理，违约的赔偿等方面，做出了详细的规定。关于接管，在项目提前终止和移交期间，或者在新的投资者接管项目之前，项目公司应接受政府指定机构的委托，继续提供有关服务。在提前终止补偿方面，依据政府提前终止的具体情形，合同约定了政府提出提前终止时的补偿金额测算方法，明确政府对社会资本的补偿以社会资本还清其届时所有负债为前提。

## 三、案例点评

### （一）项目合作模式实用性较强，具有一定的推广价值

与城乡供水常用的 BOT 模式不同，本项目以现状供水体制为基础，对于新建管网部分，采取的是租赁方式，也就是 BLOT 模式，来获取投资收益。这样，对新增农村供水管网的服务，可以依托既有的城建供水系统和收费基础，不需要重新划分或区分供水市场板块，从而提高了项目总体收益。在具体回报模式上，明确了建设、运营维护等方面的投入和回报模式，也就是由项目公司进行屯昌城乡供水一体化项目配水管网工程的投资建设和维护管理，通过租赁管网设施获得租赁收入，维护管网收取管

网维护费，以及政府支付可行性缺口补助资金。总体而言，本项目是对现有供水模式下周边区域供水网络的扩展，具有较好的收费基础和服务质量，因此具有很强的实用性。

**（二）制定了明确的绩效考核办法，发挥了对社会资本的激励作用**

从项目的相关文件中可以看出，政府对支付的相关费用，建立了明确的考核办法，对项目公司管网维护服务质量进行考核，并将考核结果与管网维护费的支付挂钩，这些做法，加强了绩效评价及其结果应用，将项目绩效评价结果作为按效付费的重要依据，强化了对社会资本的激励约束，无疑会激励社会资本提供符合要求的服务。

**（三）为了吸引社会资本，同样存在保底收益问题**

本项目发起时间为 2014 年 1 月，并在 2016 年成功落地。虽然项目实施的时间比较早，也正处于 PPP 模式大发展时期，国家尚未开始对 PPP 项目进行严格的管理，对项目承诺的固定回报、保障最低收益等吸引社会资本的做法，还没有认定为违规做法。根据 PPP 现行政策❶，向社会资本方回购承诺固定回报、保障最低收益、承担项目融资偿还责任等兜底做法，均属于违规和严禁行为。因此，本项目中，由于存在着承诺固定回报、保障最低收益等行为，一方面来说属于违规；但是，由于这些做法是经过了多次协商、谈判，也经过了市场选择和绩效考核，原则上应属于合理回报行为。

考虑到目前的资金使用成本以及投资回报率水平，该项目的收益率水平，明显是很有吸引力的。

## 第六节　新疆沙湾县 PPP 项目案例与点评

项目名称为"新疆塔城地区沙湾县农村饮水安全巩固提升项目"（简称"沙湾县项目"）。项目发起时间为 2017 年 1 月，同年 6 月，沙湾县❷政府批复了该项目的实施方案（沙政办函〔2017〕33 号）；同年 10 月，县政府和社会资本签订了 PPP 项目协议，项目落地。

### 一、基本情况

沙湾县属典型大陆性干旱区，多年平均降水量 185.5mm，蒸发量 2046mm。据

---

❶　财政部《关于进一步推动政府和社会资本合作（PPP）规范发展、阳光运行的通知》（财金〔2022〕119 号）。

❷　沙湾县于 2021 年撤县设市，本节仍采用原名称。见：新疆维吾尔自治区人民政府《关于撤销沙湾县设立县级沙湾市的通知》（新政发〔2021〕12 号）。

"七普"资料,全县常住总人口数为 20.08 万人,居住在乡村的人口数为 9.06 万人,占全县总人口的 45.1%。

沙湾县从 2001 年开始实施跨村跨乡镇的集中连片饮水工程,其中,村队自筹资金建设管理的 12 个单村供水工程(包括 13 个自然村);县供排水公司出资建设并管理的 5 个单村供水工程(包括 8 个自然村);由国家饮水工程投资及自筹资金建设的 8 个供水工程(包括 253 个自然村),由县农村饮水安全工程管理站管理。这 25 个饮水工程覆盖了全县 274 个自然村,受益人口数达 15.98 万人。

然而,受当时的建设标准、设计水平、供水水源等因素,以及由于长期使用而产生的老化,导致供水量、供水水质都无法满足人们的日常需求,对当地的生活与发展造成了很大的影响。为此,沙湾县着力农村饮水巩固提升改造,提高供水保障率、水质达标率,改善农村人居环境。为深入解决农村饮水问题,县政府拟采用 PPP 模式,以解决面临着资金筹措以及建后运营等核心问题。

项目物有所值综合评分值为 79.01 分,表明采用 PPP 模式具有一定的优势。

## 二、合作机制

### (一)合作模式

沙湾县项目采用了标准的 BOT 模式,合作期为 20 年(含建设期 1 年)。

1. 合作框架

项目公司以 BOT 模式建设、运营和移交本项目。项目合作期内,项目公司应按照国家有关技术规范、行业标准的规定和谨慎运营惯例,对项目设施提供包括运营、管理、维护、养护在内的相关服务,确保项目设施正常使用,并于特许经营期限届满时将项目设施无偿移交给政府或其指定机构。项目合作框架如图 5-5 所示。

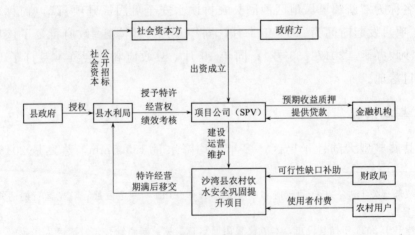

图 5-5 沙湾县 PPP 项目合作框架

2．合作内容

沙湾县项目拟改造和新建的农村饮水工程项目有 14 个（新建 2 个，改建 12 个）。新建和改造的输配水管网共计 1172km，新建信息化工程 11 处、应急供水能力建设 4 处、水质化验室建设 6 处、水源保护工程 12 处工程等。项目供水能力 2.55 万 $m^3/d$，其中，新增供水能力 0.38 万 $m^3/d$。工程供水范围覆盖人口数 16.08 万人。

项目公司负责项目建设、运营、管理及维护。项目的运营服务要求是确保充足的水源，且供水质量符合国家、地方、行业规范标准。

3．实施机构

沙湾县人民政府（以下简称"县政府"）授权沙湾县水利局（以下简称"县水利局"）为项目实施机构，统筹协调负责项目准备和采购等工作。县水利局具体负责项目社会资本的选择，制订社会资本准入条件和标准，经县政府授权，与项目公司签订《特许经营协议》；在项目实施期内，县水利局对项目公司的建设、运营、维护、移交进行监管。

**（二）投融资结构和回报机制**

1．投融资结构

沙湾县项目总投资 1.97 亿元。项目融资结构分为股权融资和债权融资（图 5 - 6）。其中，股权融资占总投资额的 30%、债权融资占总投资额的 70%，股权融资各方以现金出资，债权融资则由项目公司负责完成。

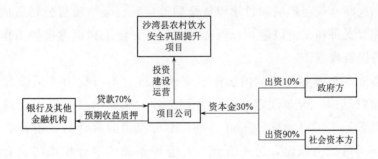

图 5 - 6　沙湾县 PPP 项目合作合作框架

根据全国 PPP 综合信息平台项目库中反映的信息查询（平台中的股权结构为 27：73），股东出资额为 4172.94 万元，作为项目资本金，经过测算，股权比例仍然为 10：90（表 5 - 5）。

2．回报机制

根据项目的实施方案，项目的回报机制为可行性缺口补贴。项目的收益来源为：①使用者付费，即自来水用户支付的水费；②可行性缺口补贴，县政府依据项目供水系统的可用性、使用量以及服务质量，支付可行性缺口补助；③项目实施机构支付的可用性服务费和运维绩效服务费两部分，以满足项目公司在经营期内偿还全部贷款的本金和利息。可用性服务费主要用于弥补工程投融资成本，运维绩效服务费主要用于弥补运营维护服务成本。实施方案以可研报告预测的年供水量，作为可行性缺口补助等回报机制测算的基础，并设计了超额利润政府和社会资本分享机制。考虑特许经营期长达 20 年，期间运营成本会发生较大变化，项目还设定了调价机制。根据项目合同表述，由县政府对项目公司建设及运营情况进行绩效考核，根据考核结果向项目公司支付可用性服务费及运维绩效服务费。按照 PPP 模式实施的有关规定，沙湾县已将政府支付部分列入了中期财政规划（沙人大〔2018〕2 号）中。

表 5-5　　　　　　　　　　　　沙湾县 PPP 项目股权结构

| 序号 | 股　　东 | 政府或社会资本 | 出资额/万元 | 股权比例/% |
|---|---|---|---|---|
| 1 | 新疆交通建设集团股份有限公司 | 社会资本 | 3755.65 | 90.0 |
| 2 | 沙湾县兴水水利建设投资有限公司 | 政府 | 417.29 | 10.0 |
| | 合　　计 | | 4172.94 | 100 |

3. 风险分配

本项目的风险分配原则主要包括：

（1）社会资本承担项目建设、运营维护及收益风险等。由社会资本承担项目的建造、运营、维护并承担相应的风险。

（2）政府承担政治、配套支持、支付风险等。项目投资收益期较长，未来的风险都是未知的，这些不仅会影响项目建设资金的筹集，也会给项目公司造成压力。政府承担政治、配套支持和支付风险，以保障项目设计、施工和运营维护工作的顺利进行和社会资本的投资收益。

（3）社会资本和政府共同承担法律、宏观经济、不可抗力等风险。项目建设和运营中出现审批延误、行业规定变化、合同文件冲突、第三方延误、通货膨胀、利率变化、不可预见、不可预防、不可避免和不可控制的事件时，由社会资本和政府来共同承担该不可抗力风险，公平合理，社会资本和政府合作顺畅，有效保证项目的运营。

项目风险分配见表 5-6。

4. 绩效考核

项目绩效考核办法，包括考核对象、考核内容及要求、考核组织形式及考核方式、评分办法、政府付费与绩效考核、其他说明等 6 个方面，以保障项目顺利完成。

**（三）社会资本和项目公司**

项目通过竞争性磋商方式选择社会资本，中标人为新疆交通建设集团股份有限公司。中标价为 1.73 亿元；可用性年投资收益率为 6.85%，运营单方水价为 0.6 元/m³。沙湾县兴水水利建设投资有限公司代表政府出资，出资额为 417.29 万元。

表 5-6　　沙湾县 PPP 项目风险分配表

| 风险类别 | 序号 | 具体风险 | 政府承担 | 社会资本承担 | 共同承担 |
|---|---|---|---|---|---|
| 政治风险 | 1 | 特许权收回/违背 | ✓ | | |
| | 2 | 政治反对 | ✓ | | |
| | 3 | 政局稳定 | ✓ | | |
| | 4 | 宏观经济变化 | ✓ | | |
| | 5 | 征用/公有化 | ✓ | | |
| | 6 | 法律变更 | ✓ | | |
| | 7 | 审批获得/延误 | | | ✓ |
| | 8 | 行业规定变化 | | | ✓ |
| 建设风险 | 9 | 融资工具可及性 | | ✓ | |
| | 10 | 设计不当 | | ✓ | |
| | 11 | 分包商违约 | | ✓ | |
| | 12 | 工程质量 | | ✓ | |
| | 13 | 工地安全 | | ✓ | |
| | 14 | 劳资/设备的获取 | | ✓ | |
| | 15 | 劳工争端/罢工 | | ✓ | |
| | 16 | 土地使用 | ✓ | | |
| | 17 | 效率低/材料浪费 | | ✓ | |
| | 18 | 建造成本超支 | | ✓ | |
| | 19 | 完工风险 | | ✓ | |
| | 20 | 融资成本高 | | ✓ | |
| | 21 | 技术不过关 | | ✓ | |
| | 22 | 考古文物保护 | | | ✓ |
| | 23 | 地质条件 | | | ✓ |
| | 24 | 场地可及性/准备 | | ✓ | |
| 运营风险 | 25 | 运营成本超支 | | ✓ | |
| | 26 | 运营商违约 | | ✓ | |
| | 27 | 服务质量不好 | | ✓ | |
| | 28 | 维护成本高 | | ✓ | |
| | 29 | 维修过于频繁 | | ✓ | |
| | 30 | 运营效率低 | | ✓ | |
| | 31 | 环境风险 | | ✓ | |
| | 32 | 处理水质状况 | | ✓ | |
| | 33 | 设备维护状况 | | ✓ | |
| 移交风险 | 34 | 移交后设备状况 | | ✓ | |
| | 35 | 项目公司破产 | | ✓ | ✓ |
| 法律风险 | 36 | 合同文件变化 | | ✓ | ✓ |
| | 37 | 第三方延误/违约 | | ✓ | ✓ |
| 收益风险 | 38 | 设施所有权 | | ✓ | |
| | 39 | 收益不足 | | ✓ | |
| | 40 | 收费/税收变更 | | ✓ | |
| | 41 | 市场需求变化 | | ✓ | |
| 宏观经济风险 | 42 | 市场竞争 | | ✓ | |
| | 43 | 通货膨胀 | | ✓ | |
| | 44 | 公众反对 | ✓ | | |
| 其他风险 | 45 | 利率变化 | | ✓ | ✓ |
| | 46 | 不可抗力 | | ✓ | ✓ |
| | 47 | 其他风险 | | ✓ | ✓ |

双方于 2017 年组建了项目公司为"新疆交通建设集团沙湾水利工程有限公司"，注册资本 2800 万元。

**（四）监管与退出**

1. 监管方式

本项目的监管方式主要包括行政监管、履约监管和公众监督等三种。其中，行政监管内容包括：一是保证基础设施质量达到预先设定的安全级别；二是保证运营管理服务质量；三是合同监管即保证项目公司服务质量符合特许经营期限和运作方式协议规定。在履约监管方面，除了常规绩效考核之外，项目还设置了特许经营履约担保，履约保函金额为 500 万元，以保证社会资本履行 PPP 协议项下有关建设项目实施以及规定的义务。

2. 退出机制

项目明确几种退出情形的解决方案。对于正常退出，也就是在项目合作期满、资产设施移交时，项目公司应确保本项目设施符合使用规范、标准和政府要求的标准，并且在移交之日起的 12 个月内承担质量缺陷责任。其他情形的退出包括：①项目公司发生严重违约事件时，县水利局有权发出终止协议的意向通知；②政府部门发生严重违约时，项目公司有权发出终止协议的意向通知；③发生不可抗力时，PPP 协议签订双方无法协商一致以继续履行各自义务，双方有权向对方发出终止合同的意向通知。PPP 协议提前终止，项目实施机构按照 PPP 协议的规定接收项目设施，并按协议约定的补偿原则和补偿标准，向项目公司支付相应的终止补偿金。

**三、案例点评**

笔者选择这一项目的主要原因是项目处于干旱地区，具有计量和收费基础，可以在运营和管理体制上进行创新。但是，在对项目主要内容进行分析之后，发现这个项目的合作机制中规中矩，很规范，在回报机制设计部分，存在较为明显的不足，具有一定的回报兜底之嫌。笔者在 2021 年进一步了解该项目进展情况时，发现本项目已退出全国 PPP 综合信息平台。

2022 年，沙湾市政府印发了《沙湾市农村饮水安全工程运行管理办法（试行）》，提出农村饮水安全工程供水实行有偿使用制度，供水水价要按照"补偿成本、合理收益、优质优价、公平负担"的原则，兼顾用水户承受能力确定和调整。根据有关资料，2017—2019 年农村饮水安全工程单位供水成本为 2.18 元/m³❶。依据沙湾市发展改革委《关于调整我市农村饮水安全工程供水价格的通知》（沙发改字〔2022〕161号）中的规定，农村居民生活用水水价由 1 元/m³ 调整为 1.40 元/m³。总体上看，沙

---

❶ 《关于沙湾市农村饮水安全工程供水成本结论》。

湾县农村供水的定位很明确，即实行有偿使用制度，并建立了一套补偿成本、优质优价的农村供水水价形成机制。这些政策，对未来农村供水投资、建设和管理体制的创新，提供了有力的支持。

# 第七节　经验借鉴与问题分析

从案例情况分析看，是否采用 PPP 或者 PPP 模式能否顺利实施，一方面取决于地方推动的积极性和地方财政信用水平（需要进行财政可承受能力评价），以及采用 PPP 模式能否提高项目的建设和运营效率（这一点目前还没有引起足够的重视）；另一方面则是项目的投资回报机制以及投资回报的风险性，这是项目是否能吸引到社会资本参与的关键因素。

## 一、可借鉴经验

### （一）政府对农村供水工作的高度重视，是顺利推进 PPP 模式的核心

究竟要不要采用 PPP 模式，归根结底还是要由政府来决定。如前文所述，经过近半个世纪的建设与发展，我国农村供水事业已有了长足的进步，具备了一定的基础条件。当前，很多地方政府认为，传统的小规模模式不能持续很长时间，质量也不高，容易出现反复和重复建设。因此，在新时期规划中，很多地方政府积极创新机制，寻求新的突破，如来凤县按照全县的精准扶贫计划，决定实施大规模集中供水，实现"农村供水城镇化，城乡供水一体化"；屯昌县把重点放在了网络延伸上。由于近十多年来我国在基础设施建设领域的投融资模式，如平台的投融资模式，因此导致不少地方政府的债务，尤其是隐性债务问题突出，传统融资模式的难度也随之增加。同时，面对新时期新发展、新要求、新手段的农村供水基础设施建设，需要的资金规模也较大，因此，解决发展与资金等问题成为了选择 PPP 模式的主要原因之一。笔者选择的三个案例，均表现出这种特征。如来凤县的 PPP 项目实施方案中指出，当国家和地方资金不足的情况下，可以通过社会资本来解决项目建设所需的资金难题，充分利用 PPP 模式，降低政府财政支出的压力。由于政府各部门的积极配合，该计划的实施进展顺利。来凤县、沙湾县等地的 PPP 项目，从启动到批准实施，再到签订合同，所用的时间相对较短（表 5-7），不少内容形式化，缺少足够的仔细研究和机制打磨过程。

### （二）因地制宜，形成各具特色的项目运行机制

在农村供水工程的建设与管理中，资金的筹集与管理一直是一个难题。在有限的资金条件下，为达到既定目标，必须降低标准，从而导致后期维修困难。而要建成符合现代化要求的高标准设施，其投资也会比较大，因此如何达到最佳的投资效益，就需要考虑到每一种模式的设计。上述的三个案例，每个都有自身特点。来凤县、沙湾

县利用平台公司的优势，组建以本地人员为主的项目公司，或者以现有管理体制为基础，开展项目建设运营工作，较好地解决了促进农村供水长效机制建设的难题；屯昌县利用平台公司的资金及参与相关方的实力，将已建成的供水设施租借给水厂，由水厂负责供水和收费，投资方只需维护好供水管网设施等，较好地解决了相关方的权益问题。

表 5 - 7　　　　　　　农村供水 PPP 项目三个典型案例的执行时间节点

| 序号 | 项　目　名　称 | 项目发布时间 | 实施方案批复时间 | 合同签订时间 | 合作期限/年 |
|---|---|---|---|---|---|
| 1 | 新疆塔城地区沙湾县农村饮水安全巩固提升项目 | 2017 年 1 月 | 2017 年 6 月 | 2017 年 9 月 | 30 |
| 2 | 湖北省恩施州来凤县精准扶贫农村饮水安全 PPP 项目 | 2016 年 5 月 | 2016 年 10 月 | 2016 年 11 月 | 10 |
| 3 | 海南省屯昌县城乡供水一体化项目 | 2014 年 1 月 | 2015 年 11 月 | 2016 年 5 月 | 20 |

### （三）强化政府责任，提高项目的吸引力和持续性

我国关于 PPP 模式的政策法规尚不完善，收益机制和风险分配机制尚不健全，是造成社会资本想进入却不敢进入的重要原因。公平合理分担项目建设和运营过程中的风险，尤其是政府主动化解影响项目的风险因素，并承担相关责任，这将会减轻社会资本的压力，更能吸引社会资本的参与，也能保障项目的顺利运营。从笔者分析的这三个案例的风险分配框架来看，在内容方面，较为规范和形式化；从本质上，社会资本承担的风险相对较小，特别是运营风险较小，比如屯昌县 PPP 项目，实质上已接近于政府购买服务模式；来凤县也如此，后来还专门补充了一份还款协议。此外，农村供水项目中，水源地保护也是造成工程风险的重要原因之一。屯昌县分别划分了县乡镇级及以下饮用水水源地范围（屯府办〔2018〕26 号），同时明确了地方人民政府的主体责任、水行政主管等部门的行业监管责任、供水单位的运行管理责任，从而降低了供水工程由于水质问题而带来的风险。另外，在屯昌县案例中，在保证社会资本的一定收益率的基础上，运用绩效考核及奖惩机制，对社会资本进行激励，使其提供更好的服务，发挥更大的作用。

## 二、主要问题分析

### （一）实施方案编制深度不够，后期实施变动较大

PPP 项目实施方案是 PPP 项目前期工作的重要组成部分。在我国 PPP 项目操作指南、工作导则、合作协议等 PPP 重要政策文件中，都对实施方案提出了要求。从目前的情况来看，农村供水 PPP 项目实施方案编制由于缺乏具体规范和办法，差异较大，许多内容编制深度不足，尤其是盈利能力分析、投融资与财务方案部分，深入调研分析不足。从项目的推进时间来看，有些项目从提出到落地只需要不到一年的时间，这说明了实施方案编制投入研究的时间不够，这也是导致实施质量较差的一个重

要原因。上述三个案例，从批复的实施方案到签订项目合同时间都不长，关键财务指标变动较大，这部分原因与实施方案编制不够严谨有关。

**（二）项目投资回报机制不明晰**

我国 PPP 政策明确了项目的三种回报机制，即政府付费、使用者付费和可行性缺口补助。从形式上看，三个案例的回报机制均采用了可行性缺口补助，但在实际上，回报机制设计却是不清晰的。一是具体的使用者、使用量不清晰（除屯昌县项目外）；二是与现有产权设施的关系不明，对既有项目的改建应为 ROT 模式而不是 BOT 模式，由于两种方式在财务测算上存在差异，直接影响到项目的回报率；三是供水价格机制不明确，供水项目的水价是影响项目收益的核心要求，水价主要由政府制定，涉及因素较多，既要考虑社会资本的合理回报，又要考虑用户承受能力、社会公众利益等因素，特别是农村居民对水价较为敏感，水价问题更为复杂。三个案例都似乎回避了这个敏感的问题。

**（三）社会资本介入时间和深度不够**

引入社会资本，除了解决资金投入问题，将政府承担的配套资金转移给企业，解决农村供水项目建设的资金不足问题，缓解政府增量债务外，还应发挥社会资本在技术、管理和运营方面的优势。从理论上讲，社会资本进入越早，越能发挥其在方案优化、技术升级、资金运作、回报优化等方面的优势。而在供水行业中，由于其现金流状况良好，社会资本的参与意愿也相对较高。当前，不管是在我国还是在世界各地，城市供水和水务领域的市场化程度已经很高了，有很多社会资本参与城市供水的成功案例。就当前情况看，城市供水的 PPP 模式的成功经验，还没有完全渗透到农村供水当中。现阶段，项目采用 PPP 模式的主要原因仍然是利用社会资本来解决项目建设资金问题，参与项目的节点与 BT 模式基本相同。因为社会资本介入较晚，所以对项目盈利机制的介入和把控不足，所以引入的社会资本更多地考虑了成本回收风险，这就成为了拉长版的 BT 模式下的资金回收问题，三个案例都存在着这一问题。

**（四）缺少明确的绩效考核机制**

从政策层面来看，目前我国针对 PPP 项目全寿命周期的绩效评价指标体系的相关标准或规定正在完善过程中。从案例情况来看，在农村供水 PPP 模式的实施过程中，存在着绩效考核薄弱的问题。有些项目缺乏完善的绩效考核指标要求，在运营期内没有对其展开有效的考核。有些项目采用的是"工程可用性付费""运营绩效付费"方式，或者没有将可用性付费与运营绩效挂钩。因此，如何构建一个合理的绩效考核机制，还需要进一步探讨。

# 第八节　农村供水工程 PPP 模式构建的关键要素

本节以国家 PPP 政策相关规定为基础，依据农村供水的特点、发展趋势和 PPP

项目的经验，按照问题导向，提出了农村供水 PPP 模式中的重要内容的确定方法，以期在实践中具有较强的实用性和参考价值。

## 一、识别适宜采用 PPP 模式的项目

由于并非所有的农村供水项目都适合采用 PPP 模式，因此，确定项目是否适合采用 PPP 方式，对项目的识别十分关键。项目识别的关键在于对项目的吸引力进行分析，对传统模式与 PPP 模式进行效率对比，判断项目是否适用于 PPP 模式，并提出项目产出说明和初步实施方案。

### （一）项目的选择与实施机构的确定

农村供水 PPP 项目通常以政府发起为主。农村供水项目的遴选和发起的主要责任在于县级政府。项目的实施机构可以是水行政主管部门，也可以是市政主管部门，但需要由政府出具授权委托书。

从实践情况来看，采用"水源＋管网"供水模式的项目实施机构以水行政主管部门居多，以"新建水厂＋管网延伸"供水模式的项目实施机构以市政主管部门居多。

### （二）项目的确定

项目的确定是指确定农村供水项目是否采用 PPP 模式。按照 PPP 项目实施程序，根据农村供水基础设施领域拟新建项目和既有（存量）项目情况，并从项目的产出和项目建设运维需求、政府承担的责任、项目可能的吸引力等因素，确定是否采用 PPP 模式。

在项目的确定过程中，需要强化实用性判断，也就是要对项目采用 PPP 模式解决农村供水的投资、建设、长效性等问题的可行性和实际效果进行分析。可考虑以下 3 个方面入手（表 5-8）：一是满足 PPP 模式的一般性要求，即投资规模适中、需求长期稳定等，一般情况下，小规模项目不宜采用 PPP 模式；二是强化项目的物有所值分析，特别要注重物有所值的定量评价，避免形式化；三是要从项目合作双方的角度看项目的需要。农村供水项目一经确定采用 PPP 模式，就必须按照国家 PPP 政策要求，纳入全国 PPP 项目管理平台中。入库项目需要进一步判断和分析合规性，以避免违规风险（图 5-7）。

表 5-8　　　　　对农村供水工程 PPP 模式实用性分析的一些指标

| 序号 | 指标 | 指 标 与 内 容 | | | | | |
|---|---|---|---|---|---|---|---|
| 1 | 一般性 | 指标 | 投资规模 | 需求长期性 | 价格调整机制 | 市场化程度 | 经营性 |
| | | 描述与判断 | 投资规模适中 | 水是生命之本，需求量大且长期稳定 | 由政府定价，有调价机制 | 供水市场化程度高 | 公益性和准公益性的定位 |
| 2 | 项目可持续性 | 指标 | 支付意愿 | 技术水平 | 产权 | 风险分配 | 带动就业 |
| | | 描述与判断 | 用水者付费自愿性等 | 先进的技术、设备等 | 土地、现有设施产权变化可能性 | 各方可接受的风险分配原则 | 吸纳当地居民参与 |

| 序号 | 指标 | 指标与内容 | | | | |
|---|---|---|---|---|---|---|
| 3 | 政府方 | 指标 | 政府意愿 | 经验与技能 | 财政水平 | 优惠政策 | 社会目标 |
| | | 描述与判断 | 政府推动的原因 | 操作经验与参与部门 | 政府支付、补贴能力 | 定价、融资、激励等支持 | 社会目标满意度 |
| 4 | 社会资本 | 指标 | 项目吸引力 | 现金流稳定性 | 运营管理 | 项目增值潜力 | 人员投入 |
| | | 描述与判断 | 排他性和竞争性 | 水费收取、项目补贴风险小 | 理念、方法、产品、效率等 | 项目增值潜力大 | 满足项目需求 |

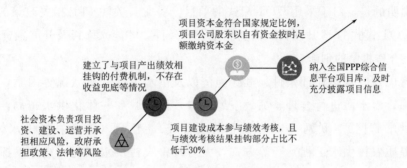

图 5-7　农村供水 PPP 项目合规性审视

## 二、确定科学和公平的合作机制

### （一）合作方式的确定

按照项目的可经营性特征划分，建设项目一般分为经营性、准经营性和公益性等三种类型；按照项目的属性划分，建设项目分为新建项目、存量项目、在建项目和打包项目等。

对于新建项目，主要有四种模式，具体如下：

（1）特许经营方式。新建项目中经济效益较好，能够通过使用者付费方式（包括可行性缺口补助）获取合理收益的经营性工程，可以采取特许经营合作方式。

（2）组合式的合作方式。在新建项目中，具有社会效益和生态效益显著，并以向社会公众提供公共服务为主的项目，可以采用与经营性较强项目组合开发、授予与项目实施有关的资源开发收益权、按供水区域统一规划项目实施等方式，来提高项目综合盈利能力，吸引社会资本参与农村供水工程建设与管护。

（3）特许经营＋补助/补贴/政府参股的合作方式。在新建项目中，既有显著的社会效益，又具有一定经济效益的准公益性项目，可采用政府特许经营附加部分投资补助、运营补贴或直接投资参股的合作方式，如屯昌案例的 BLOT 模式。

（4）分板块方式。在保持项目完整性、连续性的前提下，将水源工程、管网工程、水厂工程、配套工程等不同的建设内容，划分为一个个独立的板块，并以各个板块的主要功能以及投资收益水平为依据，选择采用合适的合作方式，如 BLOT 模式。

对于存量项目，可以通过项目资产转让、改建、委托运营、股权合作等方式将项目资产所有权、股权、经营权等全部或部分转让给社会资本（TOT 模式和 TBT 模式），规范有序地盘活基础设施既有（存量）资产，提升项目运营管理效率和效益。其中，TOT 模式可以全部转让或部分转让资产所有权、经营权等。对于在建项目，可积极探索引入社会资本，对工程进行投资、建设、运营和管理。在建设项目中，可以根据建设项目的发展阶段，按照建设项目、新建项目和已有项目的组合来选择合适的合作模式。这里需要说明的是，对于采用 TOT 模式的项目，要尤其关注 PPP 相关政策的规定。目前，采用 TOT 模式的 PPP 项目，需要满足一定条件，才能入库以及开展融资。

**（二）合作机制的创新**

综合考虑地区自然地理条件、社会经济以及供水设施基础状况等因素，对原水进行系统管理，对水源进行合理、高效统筹配置，优化城乡一体化供水布局，采用"延伸（城市供水管网）、联网（连结主干供水管线）、整合（整合农村供水管网）、提标（提升提质农村供水工程）"等方式，大力改善农村供水状况。充分发挥市场机制所起到的优化和积极作用，强化市场主体参与动力，创新投融资机制，完善运营管理体制，提升供水管理水平，提高经营效益构建与社会发展和新时代要求相适应的规模化、集约化、同标准的城乡供水体系，实现城乡供水同质、同标准、同服务、同管理的一体化管理目标。

**（三）水源配置**

结合区域社会经济概况、自然条件及人口分布特点，以供水水源、重点水厂为依托，对输水线路、配水管网进行优化，合理确定城乡一体化供水模式，将农村分散的、独立的、自建自管的供水模式转变为集中的、联网的、科学的、现代化的供水模式，从而更高程度满足社会经济发展的需求和人民生活的需要。

1. 统筹配置供水水源

打破"一地一水"供水格局，综合考虑区域水源情况，合理配置水源，实行原水统筹，构建城乡一体化的原水供应格局，通过原水联通，就近供水，互为补充和备用，保障水源安全。

2. 优化城乡一体化供水布局

一是城市管网延伸的"大网络"模式。在城市供水管网能够覆盖的范围内，将供水区域扩展到镇村，形成一个水源相对集中的网络化供水体系，改变原各供水单元管网相对独立的状况，实现城乡供水一体化。二是区域联络管网的"网状"模式。对城市管网无法延伸的地区，鼓励打破行政区划的限制，以水源和地表条件为依据，对供水分区进行合理划分，采用区域间城乡一体化联网供水模式，优化区域规模化联络供水管网布设，实现区域互补、管网联通，城乡同源、同网、同质供水。三是整合区域供水单元的"块状"模式。将农村供水网络与水厂进行整合，形成区域供水主干管串接，厂站供水互为备用，提高供水保障率。四是单村提标的"点状"模式。对单村供水工程进行提质提标，使其达到与城市供水相同的标准。

3. 规模化布设水厂

对水资源进行高效配置，淘汰工艺落后、能耗高、水质水量保证率低的小规模水厂，充分考虑水厂运营的规模经济与运行优化，降低制水成本，对水厂的布局进行调整和完善，实行原水统筹、水厂归并、规模经营的自来水供应模式。根据水厂供水能力和水厂供水范围，确定水厂的经济指标，并选择适宜供水模式：①直供模式，其适用于供水规模较大和供水范围适宜的水厂，这种模式可提高供水的经济性；②馈点模式，水厂供水规模大但供水范围大，经济性下降时，可以采用馈点供水模式，即将优质自来水接入下级供水系统。

**（四）项目公司的架构**

坚持以市场为导向的经营理念，按照"经营企业化、管理专业化、供水商品化"的原则，积极探索多元化供水管理模式。

1. 控股、参股的重组模式

以城乡供水一体化布局现状为基础，整合城市供水企业、区域性供水企业、农村供水单元进行整合，鼓励社会力量参与，通过划转、收购、兼并、控股、参股等方式，整合城乡水务资产，组建或新建供水主体，逐步形成以产权为纽带的城乡一体化的供水主体（供水公司或集团），承担城乡供水统一经营管理工作。这种模式适宜于城市化水平较高的地区。

2. 城乡供水一体化

城乡供水一体化的发展对资金、运营、服务等方面具有较高的需求和要求，创新农村供水工程投融资机制，就要强化工程设计、建设和运营维护的有机衔接。对于面积较小、城市供水覆盖率还不高、区域自然条件适宜、供水收益潜力较大的地区，可以通过 PPP 模式来实现城乡供水一体化。

3. 分级组合管理模式

按照城乡供水一体化布局和规模化经营的要求，对于城乡供水管网难以覆盖的地区，可以采用分级管理模式，也就是以城乡供水、区域性供水管网为主要内容，将馈点接入管网或独立管网作为分级单元，由其负责其供水范围的运营管理和收费，收益可实行分成制或独立核算承包制等。该模式适用于单村供水工程数量较多的地区。

## 三、提高项目吸引力方法

**（一）确定项目回报率**

不同的 PPP 操作模式，社会资本介入程度以及项目建设运营中的风险不同，项目的回报和收益也有所不同。基于项目风险分配框架，一般地，以政府付费（包括可行性缺口补助）为主的项目，由于项目风险低，回报率通常不高，一般为 6.5％～7.5％；以使用者付费为主的项目，回报率取 8％～10％较为适宜。

### （二）明确提供的各项优惠激励政策

农村供水经济效益不高，一般情况下，其市场吸引力不强，需要通过建立健全包括价格、补助、补贴、税收等各类优惠政策，吸引社会力量参与。所以，一方面，要加大政府的投资力度，设立长效管理专项资金，用于监管、水源地保护、偏远山区、运行管护补贴以及贫困人口的水价补贴等方面，对于提供符合标准并提供优质服务的运营企业，给予一定的奖励。另一方面，要逐步完善价格形成机制，由于国家依然对农村饮水实行税收优惠政策，所以可以对农村用水户，尤其是贫困地区用水户实行农村水价（同农电价格），有条件的地区可以推行"基本水价＋计量水价"两部制水价等制度。

## 四、选择社会资本的思路

### （一）重视方法选择

明确社会资本必须具有的能力，即社会资本既要具有投融资能力，又必须具有相关项目的运营管理能力。依据项目需求和特点选择社会资本。对于融资需求高的项目，应选择融资能力强的社会资本；对于运营管理要求高的项目，应选择专业化、有经验的供水（水务）企业，发挥其融资、技术和运营管理优势和经验。

根据项目采用的 PPP 模式，确定适宜的社会资本的选择方式，包括公开招标、竞争性谈判、邀请招标、竞争性磋商。其中，BOT、TOT、ROT 等模式可采用招标、竞争性谈判等方式；股权转让、MC 等模式可采用竞争性谈判、竞争性磋商等方式。在项目盈利机制不成熟的情况下，可采用竞争性谈判。

PPP 模式合作期长，而社会资本选择为前置竞争方式，运营过程缺少竞争性。在 PPP 模式下，要充分考虑到社会资本进入后具有一定排他性和市场的自然垄断性，对社会资本的选择要多方考虑。

### （二）重视功能选择

PPP 模式明确了社会资本必须具有的能力，即社会资本既要具有投融资能力，又必须具有相关项目的运营管理能力。实际操作中，可依据项目需求和特点选择社会资本。

1. 按融资需求选择：社会资本融资增信

这是目前选择比较多的方式，也表明了现阶段 PPP 模式的重点还在融资。一般来说，社会资本信用越强，融资成本就越低。

2. 按项目的特点选择：重建设还是重运营

尽管农村供水 PPP 项目一般为强运营类项目，但在实践中也可以分模块操作，根据项目特点，如重建设还是重运营，来选择适合社会资本。如果建设任务重的项目可以选择与相关产品和服务的供应商、项目直接受益者的社会资本以及联合体方式和社会资本。如果项目运营任务重，可选择具有运营经验的社会资本（表 5-9）。

表 5-9 依据项目特点选择社会资本

| 项目特点 | 主体模式 | 内　　容 |
| --- | --- | --- |
| 建设任务重 | 中标方开展建设和运营 | 招标文件明确建设方的资质要求，并提出具有运营资质和运营经验，项目进入运营期后，建设方同时也作为运营方 |
| | 联合体 | 投标时建设方和运营方共同组成联合体，政府在招标文件中即要求具备运营资质和能力的运营方参与作为联合体成员 |
| | 中标后选择运营方 | 项目公司成立后合法选择具有运营经验和资质的运营单位 |
| 运营任务重 | 中标后选择建设方 | 招标文件明确侧重投标人具有运营实力和经验，中标人合法选择建设方（二标并一标） |
| | 联合体 | 投标时建设方和运营方共同组成联合体 |

**（三）社会资本的选择方式**

可依据项目采用的 PPP 模式，确定适宜的社会资本的选择方式。

1. 以竞争性方式选择

包括公开招标、竞争性谈判、邀请招标、竞争性磋商，其中，首选公开招标，有利于消除隐性壁垒。

2. 依据 PPP 具体模式

农村供水 PPP 项目模式具体有 BOT、TOT、ROT、MC 等，可依据这些模式的特点，选择适宜方式，进而选择社会资本。

（1）BOT、TOT、ROT 等模式：适宜采用招标、竞争性谈判待方式。

（2）股权转让、MC 等模式：适宜采用竞争性谈判、竞争性磋商等方式。

3. 依据项目盈利机制情况

从国外 PPP 模式经验看，在项目盈利机制不成熟的情况下，多采用竞争性谈判，一旦成熟，边界条件清晰的情况下，合同条款固化，则采用公开招标方式。

4. 响应文件

社会资本的充分响应可以实现充分竞争，是 PPP 模式物有所值的本质所在。如果项目缺乏吸引力或者吸引力不够，就会缺乏社会资本的充分响应，甚至于无人响应。基于这种情况，农村供水 PPP 项目可采用资格预审方式，邀请社会资本和相关机构参与资格预审，验证项目能否获得足够响应和实现较为充分竞争，项目实施机构根据响应和竞争情况，进一步完善相关条件，确定最理想的社会资本。

# 第六章

# 农村水生态综合治理工程 PPP 模式实证研究

良好生态环境是最普惠的民生福祉。农村是与城市相对应的一个概念，突出农村水生态环境治理，是因为在当下，农村水生态环境存在明显的治理短板，此外，其也是乡村振兴战略实施的重点领域，是关系民生的重大社会问题。目前，我国的农村水生态综合治理工作，参与的部门较多，方式方法也各不相同，如水利部门开展的农村水系治理及水美乡村建设试点、小流域治理项目，环保部门开展的农村水环境、水污染整治等。在新的社会经济发展模式下，农村水生态环境治理工作，无论是在治理内容上，还是在治理方式和手段上，都得到了相应的革新、优化与完善。为此，笔者于2020 年对 PPP 模式在水生态环境治理中的应用情况进行了跟踪研究。

## 第一节　水生态综合治理的内涵与 PPP 模式的适用性

### 一、水生态综合治理与农村水生态综合治理

#### （一）水生态综合治理

从实践情况，水生态综合治理一般包括水资源管理（水量控制）、河道治理、水环境、水生态、生态修复等多个方面的内容，同时还涉及给排水、水利、景观、绿化、生态环保、市政等多个专业技术类别，包括水环境综合治理、河道综合治理、生态水系综合治理、水环境修复、水体综合整治、黑臭水体综合整治等各种项目，可以说是集多类于一身。因此，水生态综合治理项目，既有传统的污水、水域保洁（涉及垃圾处理）等环境类项目，也有与水生态环境有关的各类治理项目，如流域治理、河道整治、农村水环境治理、水美乡村等。

#### （二）农村水生态综合治理

本质上，农村水生态综合治理的内涵与水生态综合治理基本相同，只是实施范围较小。因此，本章中的农村水生态综合治理，是指以县级以下行政区域为单位实施的治理，是指人们运用各种方式方法，对与农村相关的生态环境和水环境、水生态展开调控、保护和修复，是乡村振兴战略实施的一个重要组成部分，也是统筹推进城乡一

体化发展、缩小城乡差距的客观要求。农村水生态综合治理工作具有综合性强、系统性高、涉及面广等特点。因此，采取有效的系统治理方法，整合资源和力量，是开展农村水生态综合治理工作的一个重要路径。

## 二、水生态综合治理项目主要特征

### （一）水生态综合治理项目公益性强

项目产出的受益群体不明确，也不固定，但对社会经济发展的支撑和改善作用很强，属于典型的公共服务类项目，生态文明、"两山论"等思想和理论，为此类工程提供了最大最有力的支持。

### （二）水生态综合治理项目涉及领域较广，实施内容较多

水生态综合治理项目，通常包括了水源、生态、水污染、植被等领域，项目内容较多，项目中的各个部分往往处于分散和面状分布，不能简单地遵循单一项目的常规做法，需要采取"由点及面"的处理方式，而通常需要点、线、面三位一体的协同推进，需要充分考虑项目的开放性、综合性和复杂性等特点。

### （三）水生态综合治理项目可以获得的直接收益少

项目通常生态效益、社会效益较好而经济收益偏低，且运营周期较长，项目形成的固定资产规模和数量有限，尤其是通过项目运营所能带来的经营性收入也很少，更多地体现在生态环境改善之后所产生的外部性效应上，实施水生态综合治理项目对任何一个地方政府而言都是极大的挑战。而采用 PPP 模式，从资金、技术和管理等方面向社会资本借力，是政府传统投资路径之外的一种选择。

### （四）从治理机制上看，水生态综合治理项目涉及管理主体多

项目综合性强、管理主体多，而水的流动性以及涉水事务的复杂性，都使得治理主体之间的责任边界难以厘清，如从财政事权与支出责任角度看，上下游的跨界水生态环境的治理间的事权与财权的划分问题，由于治理事权和支出责任的不对等，影响了治理效果，导致水生态环境治理机制不完善等问题。采用 PPP 模式，可通过系统治理，以项目方式突破行政区域和体制界限，通过建立投建运一体化的机制，科学推进水生态综合治理。

## 三、PPP 模式在水生态综合治理领域的适用性

### （一）PPP 模式是我国水生态综合治理市场化方式之一

生态文明思想，生态环境建设与保护，是新时期发展的主旋律，因此，生态治理项目较多。从当前 PPP 模式实践情况看，生态治理领域的 PPP 项目数量，具有同样特点，这在某种程度上说明，运用 PPP 模式来推动我国水生态综合治理，已成为一种市场化治理机制的方式。通过 PPP 模式，发挥社会资本所拥有的专业技术和管理

经验，提高政府投资项目的效益和效率，通过加强绩效考核监管，提高公共产品质量，是水生态治理领域的有效投资的重要模式。

**（二）政策和经济发展对水生态综合治理 PPP 模式影响较大**

水生态综合整治工程具有很强的公益性，项目建设受国家投融资政策影响较大。而 PPP 模式的政策要求高，监管力度大，PPP 项目受财政承受能力论证的 10% "红线"的硬性约束，即所有 PPP 项目需从预算中安排的支出责任，不得超过一般公共预算支出的 10%。近年来，经济持续下滑以及减费降税政策不断推进，地方政府财政实际支出能力受到较大的影响，导致财政一般公共预算支出规模下降，从而直接影响水生态综合治理采用 PPP 模式。

# 第二节　主要支持政策和实施环境

## 一、政策与特点

生态环境治理是我国 PPP 政策鼓励发展的重点领域之一。

**（一）国家生态环境政策大力支持 PPP 模式**

在生态环境领域，国家提出要构建政府为主导、企业为主体、社会组织和公众共同参与的环境治理体系，以解决突出的环境问题。2018 年 6 月，中共中央、国务院印发《关于全面加强生态环境保护　坚决打好污染防治攻坚战的意见》，要求改革完善生态环境治理体系，健全生态环境保护经济政策体系。坚持投入同攻坚任务相匹配，加大财政投入力度。采用直接投资、投资补助、运营补贴等方式，规范支持政府和社会资本合作项目；对政府实施的环境绩效合同服务项目，公共财政支付水平同治理绩效挂钩。鼓励通过政府购买服务方式实施生态环境治理和保护。这也是国家层面对生态环保类 PPP 项目最大的政策支持，推动社会化生态环境治理和保护的发展。同年 10 月，国务院办公厅印发《关于保持基础设施领域补短板力度的指导意见》（国办发〔2018〕101 号）提出要着力补齐水利、生态环保、农业农村等重点领域短板，支持重点流域水环境综合治理，规范有序推进政府和社会资本合作（PPP）项目，撬动社会资本特别是民间资本投入补短板基础设施项目。2019 年，国务院印发的《关于加强固定资产投资项目资本金管理的通知》（国发〔2019〕26 号）对生态环保、社会民生等项目，进一步下调资本金比例，降低资金筹措难度，鼓励社会资本积极参与水生态综合治理等生态文明建设领域。

**（二）水生态综合治理 PPP 政策情况**

2013 年 1 月，水利部印发《关于加快推进水生态文明建设工作的意见》（水资源〔2013〕1 号），对水生态文明的内涵进行了界定。2015 年，国务院印发《水污染防治行动计划》（国发〔2015〕17 号），提出了要发挥市场机制的作用，引导社会资本投入，在水污染防治领域推广运用 PPP 模式。2015 年 4 月，财政部、环保部联合印发《关于推进水污染防治领域政府和社会资本合作的实施意见》（财建〔2015〕90 号），明确水污染防治领域运用 PPP 模式的方式方法。2016 年，财政部和环境保护部联合印发《关于申报水污染防治领域 PPP 推介项目的通知》（财建〔2016〕453 号），规定了申报水污染防治领域政府和社会资本合作项目的范围和要求。此后，全国各地相继出台鼓励性政策，推动更多项目获得融资与落地，促进了水生态治理领域 PPP 模式的发展，水生态综合治理的 PPP 项目数量不断增加。水生态综合治理 PPP 相关政策出台时间情况如图 6-1 所示。

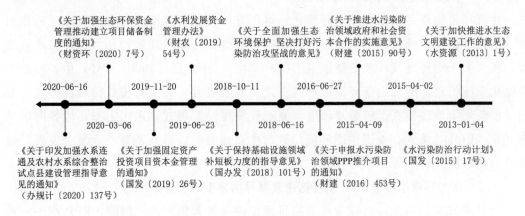

图 6-1　水生态综合治理 PPP 相关政策出台时间情况

**（三）政策不断细化精准**

针对生态环境治理，国家先后出台了一系列精准政策，包括《培育发展农业面源污染治理、农村污水垃圾处理市场主体方案》（环规财〔2016〕195 号）和《关于政府参与的污水、垃圾处理项目全面实施 PPP 项目的通知》（财建〔2017〕445 号）等文件，进一步推进细分领域的 PPP 模式规范化发展。此外，2020 年，财政部和水利部印发《关于印发加强水系连通及农村水系综合整治试点县建设管理指导意见的通知》（办规计〔2020〕137 号），启动了修复农村河湖功能、建设水美乡村的工作，提出了结合自身条件及需求采用 PPP 模式，提高工程建设管理水平的好地方；至 2023 年，农村水系整治建设已演变为常态化的水美乡村工程。另外，财政部联合自然资源部、生态环境部、国家林草局联合印发《关于加强生态环保资金管理推动建立项目储备制度的通知》（财资环〔2020〕7 号），将生态环保项目纳入中央项目储备库管理范围，要求加快预算执行速度，尽快形成有效投资。上述与水生态综合治理相关的政策精准发力，明确了细分领域的资金来源，尤其是中央资金的支持路径，以及实施方案和程序。

## 二、实施环境

### （一）PPP 市场实施环境不断改善和优化

近年来，国家大力整治营商环境，推动政府职能转变和深化"放管服"改革，出台《优化营商环境条例》，为 PPP 模式的发展创造了良好的市场环境。同时，我国加快了社会信用体系的建设，推进了全过程的信用监管。国家发展改革委也推出了市场主体公共信用综合评价，将评价结果纳入地方信用信息平台，作为共享信息进行管理。

### （二）生态环境治理模式的不断创新

生态环境治理存在治理效益外部化、难以有效转化为经济收益、投资缺乏回报机制、治理资金总体投入不足的突出问题，制约着生态环境治理进程和生态环保产业发展。在《关于构建现代环境治理体系的指导意见》（中办发〔2020〕6 号）中，提出了要强化系统治理，明确生态环境治理的模式和回报机制，如实行按效付费的办法，提出了创新环境治理模式，包括"环境修复＋开发建设"模式，采用生态环境导向的城市开发（EOD）模式，推进生态环境治理与生态旅游、城镇开发等产业融合发展，以及开展托管服务试点等。

### （三）生态环境治理类 PPP 项目已向效果导向转变

PPP 模式推广以来，已成为政府项目建设的一种常用模式。目前，PPP 作为一种较为成熟的缓解财政支出压力的工具，其在促进经济增长中的作用日益增强，尤其是随着制度的不断完善，人们对其认识与管理水平的不断提高，其在助力高质量发展的作用将日益凸显。PPP 新政进一步明确了环境治理类 PPP 项目按效付费政策导向，推广绩效合同服务方式。随着绩效合同服务的推进，财政资金使用将由买工程转变为买服务，将更加强化资金投入的环境效果，资金投入绩效将逐步与财政资金分配、政府付费等挂钩，生态环境建设的投资方式，也从工程型向效果型转变。

# 第三节　典型案例的选取与分析重点

## 一、总体情况

笔者于 2020 年对水生态综合治理类 PPP 项目进行了跟踪分析。由于水生态综合治理具有很强的行业交叉性，涉及的领域也很多，包括了生态环境建设与保护、水利、市政、其他基础设施等多个行业领域，项目数量众多，因此，笔者仅整理并分析了水利建设领域的水生态综合治理 PPP 项目。

**（一）数量情况**

根据不完全统计，截至 2020 年 9 月，在全国 PPP 综合信息平台项目水利建设行业领域中，共梳理出 133 个涉及水生态综合治理的 PPP 项目，涉及打包水库及河道整治、流域综合整治、生态修复等多种类型。这些项目分布在全国 24 个省（直辖市、自治区）（图 6 - 2），其中，河南省项目数量最多，达 31 个，占项目数量近 1/4。

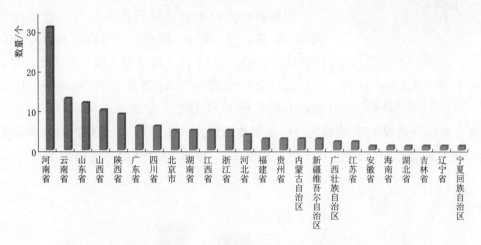

图 6 - 2 我国水生态综合治理 PPP 项目现状情况（水利领域，管理库）

从项目入库时间来看（图 6 - 3），自 2013 年以来，水生态综合治理 PPP 项目数量不断增加，至 2017 年达到最高点，该年度入库项目数量占项目总数的近近一半（43.6%），但在 2018 年呈断崖式下降，目前回归到政策起点。水利领域中水生态综合治理 PPP 项目入库情况的这种急剧变化特征，与其他领域具有同质性。

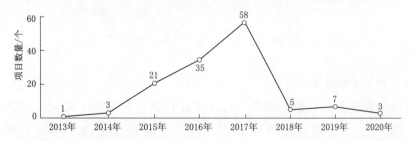

图 6 - 3 不同年份我国水生态综合治理 PPP 项目数量（管理库）情况

**（二）进展情况**

与前文的农田水利、农村供水等领域相比，水生态综合治理领域 PPP 项目的数量较多，进展状况好，进入执行阶段的项目占有 97 个，占项目数量的 73%（图 6 - 4）。

**（三）主要特点**

全国 PPP 综合信息平台的数据，会根据项目实际而不断地更新和变化，项目进

图 6-4 我国水生态综合治理
PPP 项目进展情况

展情况具有阶段性、时效性特点，且查询功能较为简单，难以全面进行动态和深入分析。对 PPP 项目现状特点的分析，主要从合作方式、投融资规模、回报机制等 3 个方面分析。

1. 合作方式多样，合作期限长短不一

根据梳理出的水利领域下的水生态综合治理 PPP 项目资料，主要有 BOT、DBOT、BOO、ROT、DBFO、BOO、TOT 以及组合模式等 8 种合作方式，其中，以 BOT 模式为主的项目占比 86.5%，其次为 DBOT 模式和 TOT 模式，分别占比 6.0% 和 3.8%。

水生态综合治理 PPP 项目的合作期限差别较大（图 6-5），最短的合作期限只有 10 年，最长的合作期限达到了 33 年，其中以 15 年和 20 年居多，占比为 46%。

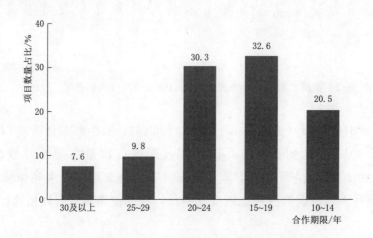

图 6-5 我国水生态综合治理 PPP 项目合作期限情况

2. 投融资规模差别较大

在项目资金规模方面，最高的是 54.63 亿元，最低的是 131 万元。总体来看，投资金额为 5 亿～9 亿元的项目有 42 个，占 31.6%。有 43 个项目超过 10 亿元，占了将近 1/3，这两个项目加在一起，占了将近 2/3，说明了水生态综合治理单个项目的投资体量较大（图 6-6），笔者认为这主要是因为是项目多为综合的系统治理类。从项目的社会资本和政府方的股权占比来看，社会资本股权占比最高为 100%，最低为 51%，大部分项目的社会资本股权占比为 80% 以上。

3. 回报机制以政府付费为主

项目回报机制主要有可行性缺口补助、使用者付费和政府付费这 3 种方式，项目回报机制方面，采用政府付费的项目数量最多，占到了项目数量的 53.0%，其次是可行性缺口补助，占到了项目数量的 45.5％，还有 2 个项目采用使用者付费。因此，尽管水生态综合治理项目公益性较强，但项目的实施并不完全依赖政府付费，采用可行性缺口补助和使用者付费的项目数量也占到近一半。

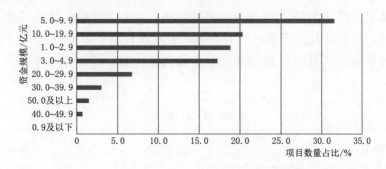

图 6-6　我国水生态综合治理 PPP 项目资金额情况

从不同回报机制下的项目进展情况来看，政府付费项目进展情况最快，进入执行阶段的项目数量最多；采用使用者付费的项目数量虽然很少，但仍有 1 个进入执行阶段（图 6-7）。

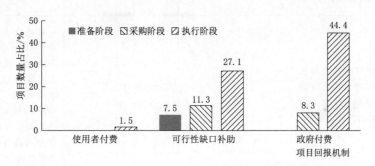

图 6-7　我国水生态综合治理 PPP 项目不同回报机制的进展情况

#### 4. 主要社会资本

根据统计资料，水生态综合治理治理 PPP 项目的前 10 个社会资本分别是：北控水务、长春城投、东方园林、碧水源、东清水务、光大、中电建、桑德控股、葛洲坝、首创环境。按照牵头企业的性质划分，由于东方园林、碧水源、桑德 3 家民企逐渐被北京市朝阳区国资委、中交集团、清华启迪等国有资本控制，这 10 家社会资本都成为了国有（控股）企业。因此，水生态综合治理领域的 PPP 项目的前 10 位社会资本中，没有纯民营或私人资本。

### 二、典型案例的选取

笔者在梳理 PPP 项目的过程中，发现尽管 PPP 项目以政府支付为主，但仍有一定比例的可行性缺口补助项目,同时也有部分已进入执行阶段的使用者付费的项目。因此,综合考虑区域差异、经济发展水平、水生态综合治理等因素,并结合项目特点、项目进展阶段、回报机制等情况,选取了内蒙古、江西、云南等3省(自治区)的已进入实施阶段的3个PPP项目作为典型案例。这3个项目所处的位置和社会经济状况各不相同,项目的社会资本有国有企业,也有民营企业,涉及水务、施工、投融资等多个领域,同时还包含了PPP模式的3种回报机制,且入库时间也不一样,具有一定的代表性(表6-1)。

表 6 - 1 案 例 基 本 情 况

| 序号 | 项目名称 | 合作期限/年 | 项目总投资/亿元 | 回报机制 | 入库年份 | 社 会 资 本 |
|---|---|---|---|---|---|---|
| 1 | 内蒙古呼伦贝尔市陈巴尔虎旗海拉尔河(巴彦库仁段)水生态综合整治及附属工程政府和社会资本合作(PPP)项目(以下简称"内蒙古陈巴尔虎旗项目") | 15 | 4.87 | 政府付费 | 2016 | 北京城建远东建设投资集团有限公司(联合体) |
| 2 | 江西省铜鼓县河湖水系生态保护与综合治理工程 PPP 项目(以下简称"江西铜鼓县项目") | 20 | 12.05 | 可行性缺口补助 | 2017 | 江西省水利投资集团有限公司、山东丽鹏股份有限公司、江西星光建设工程有限公司、江西省水利水电基础工程有限公司、中建城开环境建设股份有限公司、中国电建集团西北勘测设计研究院有限公司联合体 |
| 3 | 云南省红河州蒙自市长桥海水库扩建工程及"两河"水生态治理 PPP 项目(以下简称"云南蒙自市项目") | 13 | 4.64 | 使用者付费 | 2018 | 蒙自长桥海环境建设有限公司 |

### 三、案例的分析重点

由于 PPP 模式涉及到的范围很广,内容也很多,所以对跟踪的案例,主要是以水生态综合治理现状特点和 PPP 模式实施难点为基础,主要分析项目的合作机制,具体包括合作模式、投融资结构、回报机制、绩效考核等内容。除此之外,本章还增加了激励相容机制的情况,以期更具实用性。

案例分析部分采用统一的表述体例,大致分为三个部分:第一部分是案例基本情况的介绍，描述项目的提出（触发），也就是采用 PPP 模式的动因；第二部分是案例操作机制的分析，即按照 PPP 项目操作的要求，选取其中的重点和难点内容，分析 PPP 模式在水生态综合治理领域中的应用情况（影响性和实用性）；第三部分是案例的评析，在案例分析的基础上，从水生态综合治理的特点与难点为切入点，研究 PPP 项目的特点、创新和不足等内容，并提出相关的政策建议。

# 第四节　内蒙古陈巴尔虎旗项目案例与点评

内蒙古陈巴尔虎旗项目全称为"内蒙古呼伦贝尔市陈巴尔虎旗海拉尔河（巴彦库仁段）水生态综合整治及附属工程政府和社会资本合作（PPP）项目"，为第四批次国家级示范项目，同时也是内蒙古自治区第四批次省级示范。项目发布时间为 2016 年 8 月，旗政府于 2017 年 1 月批复实施方案，同年 7 月与社会资本签订了 PPP 项目合同，2021 年项目竣工并进入运营期。

## 一、基本情况

陈巴尔虎旗海拉尔河是呼伦湖最重要的湖水补充来源，海拉尔河的治理和保护对于呼伦湖治理至关重要。呼伦湖是我国第四大淡水湖，2002 年被列入国际重要湿地名录，并加入联合国教科文组织世界生物圈保护区网络。2002 年以来，由于受持续暖干气候影响，呼伦湖水位持续下降，湿地面积缩减，生态问题凸显。本项目通过对海拉尔河（巴彦库仁段）的综合治理和保护，增强海拉尔河湿地功能，从而达到从源头保护呼伦湖的最终目的。

陈巴尔虎旗政府授权旗水务局为项目的实施机构，采用公开招标方式选择社会资本，并与项目公司签订 PPP 项目合同，授予项目公司投资、建设、运营、管理和维护本项目资产等相关权利义务。

## 二、合作机制

### （一）合作模式

陈巴尔虎旗项目采用建设—运营—移交（BOT）模式，合作期为 15 年，其合作机制如图 6-8 所示。

陈巴尔虎旗政府指定陈巴尔虎旗国有资产投资经营（集团）有限责任公司作为政府方出资代表，与中选社会资本共同出资成立项目公司，项目公司负责本项目的投资、建设与运营维护。合作期内，陈巴尔旗水务局根据合同约定，对项目公司进行绩效考核，并依据考核结果确定政府付费。本项目土地使用权无偿划拨给项目公司使用，项目公司只拥有项目土地的使用权利，并无处分的权利。合作期满结束后，项目公司将所有项目设施及相关资产、权益，完好无偿移交给政府方或政府指定的其他机构，且全部设施不得存在任何种类和性质的索赔权。

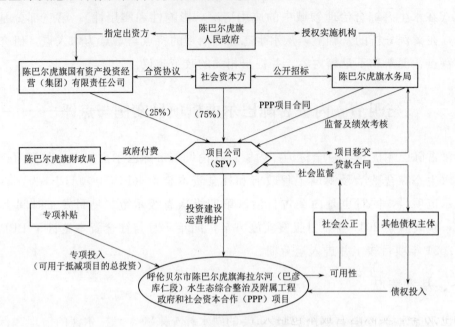

图 6-8　陈巴尔虎旗水生态综合整治 PPP 项目合作框架

**（二）合作内容**

陈旗项目的实施内容主要包括防洪堤、景观河道及其附属工程等。其中，防洪堤总长 14km；景观河道基本按原有河道支流走向，仅对局部进行疏浚开挖；通过修建引水渠、穿堤涵洞、进水闸门和出水闸门等附属工程，将海拉尔河河水引进景观河，并进行调蓄，除增强防洪能力外，还增加了水域面积、改善了周边居民生态环境。其中，根据旗政府统一规划要求，本项目的防洪堤顶兼作公路，与乡村公路连接，使原路宽 12m 的公路工程，拓宽到 26m，其中堤防工程堤顶宽 8m、堤防附属工程宽 6m，也就是 14m 堤顶兼作公路工程后，增加了绿化工程、路灯工程等内容。景观工程建设主要包括堤坡绿化面积 11.2hm²，景观河道长 7.77km，滨河步道长 15.4km，标准化休闲场地 3 个，亲水木栈道长 5.4km，景观水面 3 个。

**（三）投融资结构和回报机制**

1. 投融资规模与结构

本项目为新建项目，项目期为 2 年，项目投资额为 4.86 亿元。项目资本金比例 20%，约 0.97 亿元，其中，政府占 25%，社会资本占 75%，具体情况见表 6-2。项目建设剩余资金为 3.89 亿元，由项目公司通过银行贷款方式等方式筹集。

按照 2019 年的补充协议，本项目新增景观河辅助和广场工程投资 4685.25 万元。

按照目前完成的项目到位资金为 4.60 亿元。

表 6-2                            陈巴尔虎旗 PPP 项目股权融资结构

| 序号 | 股　东 | 政府或社会资本 | 出资额/万元 | 股权比例/% |
|---|---|---|---|---|
| 1 | 北京城建远东建设投资集团有限公司 | 社会资本 | 7302.21 | 75 |
| 2 | 陈巴尔虎旗国有资产投资经营（集团）有限责任公司 | 政府 | 2434.07 | 25 |
| | 合　计 | | 9736.28 | 100 |

2. 回报机制

陈旗项目回报机制为政府付费，按照"基于可用性的绩效合同"模式，政府需向社会资本支付可用性服务费和运维绩效服务费。其中，可用性服务费包括 PPP 项目总投资（不含建设期利息）、成本和费用（包括但不限于融资成本、营业成本及费用）、税费及必要的合理回报，根据等额本息还款法计算本项目的可用性服务费。运维绩效服务费主要包括本项目红线范围内的运营维护成本及必要的合理回报，实际上发生的运营维护费以运营期当年经政府方审核确认的运营成本为准。按照政府方要求的绩效考核标准，项目公司根据项目实际情况为满足绩效考核标准而采取的运营维护方案，实际运营成本包括人工、机械、材料、税金、管理费及相关必要的支付费用。

按照项目实施方案和合同，可用性服务费和运维绩效服务费需经陈巴尔虎旗人大审议后，纳入陈巴尔虎旗财政年度预算和中长期财政规划，并根据绩效考核结果，在项目运营期由本级财政部门每年 11 月之前完成项目审计并安排资金按时支付给项目公司。

3. 绩效考核

按照项目合同，项目绩效考核由建设考核和运营考核构成。

建设期绩效考核包括四个方面（满分为 100 分）：第一方面工程质量（30 分）；第二方面工程进度（20 分）；第三方面安全生产、环境保护（20 分）；第四方面成本控制（30 分）。考核得分与应付可用性服务费的关系为：100 分≥得分≥90 分，支付比例为 100%（可用性服务费 90%）；90 分＞得分≥80 分，支付比例为 90%（可用性服务费 90%）；80 分＞得分≥70 分，支付比例为 85%（可用性服务费 90%）；70 分以下或质量管理考核结果＜20 分或项目验收质量未达到合格标准，支付比例为 0%（可用性服务费 90%）。

运营维护绩效考核包括以下三个方面（满分为 100 分）：第一方面项目管理（10 分）；第二方面工程维护管理（60 分）；第三方面利益相关者满意度（30 分），包括项目实施机构等相关政府部门的满意度和周边居民的满意度。运维绩效考核的结果，是项目政府当年应付 10% 的可用性服务费和运营绩效服务费的支付依据。依据约定进行的运营绩效考核得分，与当年应付的"年可用性服务费的 10％"和运营绩效服务费的关系为：100 分≥总分≥90 分，支付比例为 100％（年可用性服务费的 10％和当年的运营绩效服务费）；90 分＞总分≥80 分，支付比例为 95％（年可用性服务费的 10％和当年的运营绩效服务费），依此类推；总分 60 分以下，支付比例为 0（年可用性服务费的 10％和当年的运营绩效服务费）。

**（四）社会资本和项目公司**

项目通过公开招标的方式选择社会资本，中标人为由北京城建远东建设投资集团有限公司牵头组建的联合体。主要中标条件为：中国人民银行同期公布的五年期以上贷款基准利率的 1.43 倍，运营维护费下浮率 3.15％。

陈巴尔虎旗国有资产投资经营（集团）有限公司与北京城建远东建设投资集团有限公司，于 2017 年 7 月组建成立项目公司，即陈巴尔虎旗滨水生态投资有限责任公司，注册资本 9.74 亿元，政府和社会资本的股权结构为 25％：75％（表 6-2），2021 年 6 月股权资金全部到位。

## 三、项目点评

总的来说，陈旗项目作为一项全国性、地方性 PPP 示范性项目，其前期工作较为规范，基本满足了 PPP 相关政策的要求。该项目于 2017 年落地，历经 3 年的疫情防控，于 2020 年已完成建设任务，目前已开始进入运行维护阶段。从政府角度，需要按时、足额支付相关费用。一方面是对政府履约和诚信水平的考验，特别是换届后对上届政府工作的接续意愿，比如采用 PPP 模式是否划算等问题；另一方面，也是对前期项目策划能力的考量，最大化地发挥政府投资效益，用有限的资金解决更多需要政府投资的事。

为了更好地了解该项目的进展及现状，笔者于 2023 年 7 月对陈旗项目进行了实地跟踪调研。

**（一）项目策划特色显著**

从项目现场情况看，通过实施集防洪、河道调节、新增水域、堤顶公路和乡村公路为一体的 PPP 项目，不仅提高了县乡防洪能力，也新增了地区水域面积，还改善了当地人民群众的生活环境，为当地人民群众创造了一个良好的休闲娱乐环境，实现了景观、防洪、道路的有机结合的社会、生态综合效益，并为生态产品价值的实现奠定了基础。

**（二）项目绩效考核机制明确而详尽**

该项目的绩效考核机制非常有特色，从项目实施方案中的绩效考核机制，到实施过程的绩效考核，制定的绩效考核方案十分具体详尽，委托第三方进行年度绩效考核，使得政府付费方案更容易为各方所接受。

### （三）项目风险分配还不完善

从投融资结构和历年到位资金看，项目的投融资结构符合政策要求，但是，如果按照"穿透原则"看到位资本金和项目资金运作方式，同样存在着项目融资设计不完善的问题。比如，没有考虑到增项工程给项目融资结构、投资回报等方面带来的变化。从 PPP 项目合同内容来看，缺少风险分配内容，从实施方案内容看，风险分配缺少量化依据，较为笼统。据调研了解，2017—2020 年，社会资本投融资规模达4.69 亿元。按照项目实施方案和 PPP 合同，项目已进入投资回报阶段，即需要政府对其进行绩效评估并支付相应的费用。但受经济发展下行等因素的影响，地方财政收入下滑，加之政府换届，政府付费时间受到影响，从而影响了项目公司的业务和资金的正常运转，在一定程度上成为投资风险的影响因素之一。

### （四）政府付费测算还有优化空间

该项目为政府付费项目，原则上，投资受市场影响较小，更多地取决于政府履约能力，在这种情况下，按照投资风险与收益匹配的原则，项目投资回报不应太高，太高则造成付费较大。2022 年，项目实施机构启动了运营期第 1 年政府付费核算工作，投资回报率按 7％计，按第三方测算结果，第 1 年可用性服务费为 5732 万元（不考虑运维费的情况下）。总体上看，对可用性服务费的测算，所依据的融资模式、融资成本、税率等方面，都还需要进一步核实和边际优化，如充分利用好金融优惠政策，与银行协调下调贷款利率，可避免测算的政府付费数据偏大，最终成为项目持续性的重要因素。

# 第五节　江西铜鼓县项目案例与点评

江西铜鼓县项目全称为"江西省铜鼓县河湖水系生态保护与综合治理工程 PPP 项目"。本项目入库时所属领域为生态环境建设与保护，后经铜鼓县人民政府对实施主体进行了变更，授权铜鼓县水利局作为本项目的实施机构。通过本项目的实施，可大力推进铜鼓县的绿色经济发展和生态文明建设，改善铜鼓县水环境，修复城市水生态，提升城市风貌，同时带动铜鼓县旅游事业发展。

## 一、基本情况

随着铜鼓县城市基础建设、城区面积和经济的不断发展，面临基础设施的改造和城市水生态环境的提升等问题。传统的城市建设模式与水生态综合治理不协调，水生态不满足城市发展的状况。这些现状阻碍了城市发展，也对城市形象造成了一定的影响。本项目的河湖水系生态保护与综合治理理念，契合铜鼓县城市发展的需求，在保证城市高速发展的同时，实现低影响开发，提升城市生态环境。项目于 2017 年提出，

2020 年县人民政府批复了水系生态保护与综合治理工程 PPP 项目实施方案。

铜鼓县政府授权县水利局作为 PPP 项目实施机构，负责项目的前期评估论证、实施方案编制、合同签订、项目组织实施以及项目移交等工作。

## 二、合作机制

### （一）合作模式

#### 1. 合作框架

铜鼓县项目采用设计—建设—运营—移交（DBOT）模式，合作期为 20 年，其中项目建设期不超过 3 年，运营期 17 年，回报机制为可行性缺口补助。

项目由联合体与政府方出资代表江西铜鼓旅游产业开发有限公司合资组建的项目公司，负责本项目的设计、投融资、建设、运营、维护及管理工作合作期满后项目公司将项目设施全部无偿移交给政府方或其指定机构，并保证所移交资产通过性能验收，处于良好使用状态。铜鼓县项目合作机制如图 6-9 所示。

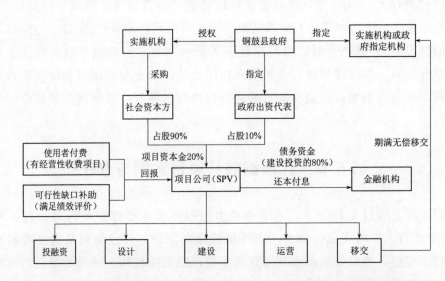

图 6-9　江西铜鼓县河湖水系生态保护与综合治理 PPP 项目合作机制

#### 2. 合作内容

按照 2018 年入库的项目实施方案，项目以铜鼓县的定江、金沙两河流域水生态文明建设为切入点，整体依托铜鼓现有优秀的山、水、林、田、乡村等自然资源，结合红色文化、客家文化等，对铜鼓现有未开发旅游资源进行挖掘、开发，对现有已开发但不成熟旅游资源进行深度开发、提升，使观光欣赏向休闲体验转型，将铜鼓打造为赣西北地区的"康养休闲胜地""赣西北最大氧吧"，项目设计和策划理念十分先进。项目建设内容如图 6-10 所示。

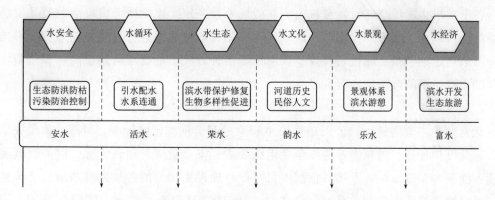

图6-10　江西铜鼓县河湖水系生态保护与综合治理PPP项目建设内容

### （二）投融资结构和回报机制

**1. 投融资结构**

按照2020年江西省发展改革委公布的第一批重点基建类项目，核定的投资为12.05亿元，建设过程中，总投资调减至6.75亿元。

项目资本金比例20％，由社会资本和政府出资人按90％：10％比例出资，剩下80％的资金由项目公司通过银行贷款融资。

**2. 回报机制**

项目的回报机制采用可行性缺口补助模式。在8大类别项目中，除茶山森林康养小镇项目为使用者付费外，其余分项均由政府付费。政府和项目公司对于每个子项目进行独立核算、审计，政府根据每个子项目审计结果支付可用性付费和运维绩效服务费。项目的运维绩效服务费等于各子项目运维绩效服务费之和。

运营期开始后，由政府出资人代表组织相关政府部门每年对实际运营成本进行监审，并在适当考虑投资人合理利润的前提下对运维绩效服务进行调整。项目的使用者付费的来源为茶山森林康养小镇子项，即该经营性项目产生的经营收入扣除经营成本后的纯收益，可用于抵减政府年度支出责任。项目运维绩效服务费每年核算调整一次，经项目实施机构协调物价、发改、财政等有关部门审核后报批执行。自项目开始正式商业运营之日起，若材料成本、人工成本、居民消费价格指数3项成本变化导致运营维护成本变化幅度合计超过5％的，项目公司可申请调整项目运维绩效服务费付费标准。

**3. 绩效考核**

本项目的绩效考核体系包括建设期绩效考核和运营期绩效考核两个方面。政府方根据绩效考核得分调整政府支付数额。

**1. 建设期**

建设期内主要针对项目公司建设管理情况进行监督检查，考核内容分为：工程建设质量、建设资金到位、工程进度控制、建设成本控制、安全文明建设、验收等6个方面，各子项目根据项目建设期考核内容和指标单独考核。建设期考核可由铜鼓县发展改革委员会协调相关政府职能部门，组织监理等相关单位共同进行，或委托第三方机构考核，可采用定期考核、随机考核或节点考核等多种方式，根据项目建设内容等因素，确认及细化建设期绩效考核内容和指标。

2. 运营期

运营期内主要考核项目公司是否按照 PPP 项目合同约定的标准、时限、质量完成项目的运营维护任务。考核内容主要包括组织管理、安全管理、运营管理、财务管理和公众满意度等 5 个方面，各子项目根据项目特点单独设置项目的考核内容和指标，单独考核。运营期考核采取日常、月度（或季度）、年度考核等形式进行，实行百分制，按评分标准（实施机构会同相关部门进行制定）扣分。

**（三）社会资本和项目公司**

项目以公开招标方式选择社会资本，中标者为 6 家公司组成的联合体：江西省水利投资集团有限公司、江西省水利水电基础工程有限公司、山东丽鹏股份有限公司（现更名为：山东中锐产业发展股份有限公司）、江西星光建设工程有限公司、中建城开环境建设股份有限公司（现更名为：江西省第十建筑工程有限公司）、中国电建西北勘测设计研究院有限公司。主要中标条件为：项目投资年化收益率 6.6%，建安工程部造价下浮 3%，运营维护费成本（含税）合理利润率 6.6%。

项目公司注册资本为 2000 万元（项目资本金包括项目公司注册资本）；政府方出资代表以货币形式出资 200 万元，占股 10%；社会资本以货币形式出资 1800 万元，占股 90%。

**（四）激励机制**

本项目中包含的激励相容机制主要体现在两个方面，具体如下：

（1）项目公司需同时承担本项目的建设及运营维护等，政府方通过设置了运营维护期绩效考核指标，且运维服务的优劣决定运维绩效服务费的多寡，建设期内项目建设质量的优劣将直接影响社会资本在运营维护期的成本高低，以有效激励资本从项目全生命周期成本统筹考虑本项目的建设及运营维护等。

（2）通过公开竞争程序将可用性付费和运维绩效服务费确定在一个合理区间内，并鼓励社会资本通过改善管理、有利于对项目全生命周期成本的控制。

这是本项目与其他项目不同所在。

## 三、项目点评

铜鼓项目于 2018 年落地，建设期不超过 5 年，2023 年基本完成建设任务，开始进入运行维护阶段。与陈旗项目相同，也面临着政府要按时、足额支付相关费用的问题。为进一步了解该项目的进展和现状情况，笔者于 2023 年 7 月对铜鼓项目进行实地跟踪调研。

**（一）项目立意良好，实施内容和投资额调整大**

铜鼓项目统筹城区与农村、城区与景区、景区与园区等进行综合建设与提升，推进重点区域、重点地段、重点水域的整治，实施农村美丽家园和人居环境改善工程，提升城市建设理念，优化城市发展模式，项目立意好。按照调研提供的相关资料，项目实际建设内容发生了变化，投资额从 12.05 亿元减至 6.75 亿元。目前，完成的建设项目主要有水毁修复工程、美丽风光带工程、美丽乡村示范点工程、大塅特色小镇、港口乡集镇污水管网提升改造工程、排埠特色小镇工程、茶山森林康养小镇工程、三都镇（三都老桥至东山段）防洪工程、备用水源管网工程、武宁水沙塅段河道整治工程、永宁镇防洪工程、三都镇防洪工程、寨上桥防洪工程等 8 大类 18 个子项（图 6-11），在这些项目中，大部分是与水生态综合整治有关的项目，也有

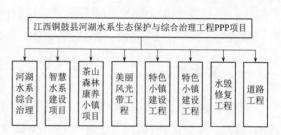

图 6-11　江西铜鼓县河湖水系生态保护与
综合治理 PPP 项目建设内容

少数与水生态治理治理没有太大关系的项目，如公路建设等。

**（二）适时降低资金成本**

铜鼓项目于 2022 年 1 月从中国银行江西省分行获得贷款，贷款利率按 5 年期以上 LPR 利率上加 25 个基点，即 4.7%。2023 年 3 月，双方协商同意下调贷款利率，并签署了补充合同，将贷款利率修改为 5 年期的 LPR 下降 10 个基点，目前的贷款利率为 4.2%；相较之前，利率下降了 50 个基点，从而降低融资成本。此外，本项目资本金为投资总额的 20%，即 1.35 亿元，政府与社会资本股权占比为 10%：90%。就实际情况而言，项目实际货币出资为 2000 万元（项目资本金包括项目公司注册资本），其中，政府方出资代表江西铜鼓旅游产业开发有限公司以货币形式出资 200 万元，占 10% 的股权；社会资本方以货币形式出资 1800 万元，占 90% 的股权。这些变化后的参数，可用于政府可用性付费金额测算，既要发挥对社会资本的激励相容作用，也要降低政府付费规模，使项目更具持续性。

**（三）项目回报机制变化带来的风险**

铜鼓项目的回报机制为可行性缺口补助模式，是本书选为典型案例的主要理由。由于本项目类型较多，每个子项目的具体情况各不相同，除茶山森林康养小镇项目为使用者付费外，其余子项目均为政府付费项目。目前，由于建设内容和现场实际条件发生了变化，原项目策划方案也随之发生调整，部分建设项目的目标无法实现，尤其是唯一使用者付费项目无法运营和运转，这使得项目的回报机制从可行性缺口补助模式变为政府付费模式。铜鼓县经济水平不高，地方财政收入偏低，2022 年一般公共预算收入仅有

5.68 亿元，政府付费压力较大。另一方面，对于社会资本来说，如果不能及时得到政府的项目付费，同样存在资金链断裂的风险。

# 第六节 云南蒙自市项目案例与点评

蒙自市项目全称为"云南省红河州蒙自市长桥海水库扩建工程及'两河'水生态治理 PPP 项目"，由蒙自市长桥海水库扩建工程、梨江河和沙拉河水生态治理项目一期工程组成。项目发布时间于 2018 年 3 月，同年 10 月，蒙自市政府批复了项目实施方案（蒙政复〔2018〕174 号）；2019 年 7 月，市政府与社会资本签订了 PPP 项目合同。

## 一、基本情况

蒙自市地处云南省东南部，为云南省红河哈尼族彝族自治州首府所在地，是全州政治、经济、文化、科技、交通中心，也是滇南中心城市的核心区域。长桥海水库是该市重要的水源，兴建于 1954 年，经 1958 年、1966 年两次扩建，1988 年、2002 年两次除险加固，主要功能是灌溉用水和红河钢铁厂工业用水。本次扩建工程的主要功能是以农村供水、机场、工业及农业灌溉供水为主，并兼顾防洪、治涝；梨江河和沙拉河是长桥海水库两条主要入库河流，由于其水生态环境问题突出，影响环境功能和水质，迫切需要开展水系连通、水环境改善与水景观建设。

该项目将通过滇中引水、"两河"引水、南洞引水、黑水洞引水等方式，增加长桥海水库的库容与可供水量，实现分质蓄水，分质供水，对于缓解长桥海灌区枯水期农业灌溉缺水的局面，改善城市人居环境，践行生态文明，改善城市风貌，营造城市微气候，发展绿色经济具有重要作用。但由于地方政府财政乏力，难以筹集到足够的资金，故采用使用者付费的 PPP 模式，主要思路是，水库扩建工程使用上级财政补助资金，作为政府项目资本金出资，再撬动社会资本投入。

蒙自市政府授权市水务局为该项目的实施机构，并与项目公司签订 PPP 项目合同，授权项目公司在合作期内承担项目的投资、融资、建设、运营维护等责任，合作期满后，项目公司将项目资产无偿移交给政府或其指定机构。同时，组织各相关部门和单位，开展本 PPP 项目相关工作。

## 二、合作机制

### （一）合作模式

1. 合作框架

蒙自项目采用 BOT（建设—运营—移交）模式运作，合作期为 23 年，其中建设期 3 年，运营期 20 年，项目的合作机制如图 6 - 12 所示。

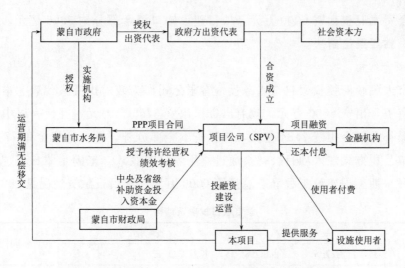

图 6-12　蒙自市"两河"水生态治理项目工程结构图

## 2. 合作内容

该项目由长桥海水库扩建工程与"两河"水生态治理项目一期工程组成，两个项目打包运作。其中，扩建工程主要包括引水工程、分库扩容工程、供水工程和排涝工程四部分，扩建后的年均供水总量达 5134.1 万 $m^3$。"两河"水生态治理项目，主要是在整个流域范围内对河流的水生态环境进行治理，建设内容包括堤防与河道整治工程、污水收集与处理工程、生态湿地工程、海绵城市建设工程、公共配套工程以及智慧水利工程等 6 个方面，旨在恢复"两河"周边生态多样性，提升河道自净能力，增加补水水量，完善流域的截污布局。

### （二）投融资结构与回报机制

#### 1. 总投资

水库扩建工程总投资为 4.02 亿元，"两河"水生态治理项目工程估算工程静态总投资为 1.84 亿元，分两期实施，其中，一期工程静态总投资为 6180.2 万元。由于水库工程的供水收入不足以弥补"两河"水生态治理工程的投资缺口，因本项目只进行一期工程建设，故项目总投资为 4.64 亿元。

根据项目的资金筹措方案，中央预算内资金及省级补助资金为 2.34 亿元，由于这一投资规模较大，能否及时到位以及能否到位对项目的进度有很大的影响。因此，项目实施方案还明确了 3 种情景下的资金筹措和使用办法：一是如果各级政府的补助资金是在建设期到位，则优先用于项目建设，减少财政支出责任；二是如果各级政府的补助资金是在运营期到位，则优先用于偿还金融机构贷款，缓解项目公司财务压力；三是如果各级政府补助资金未能到位，若在项目建设期内，为确保项目的顺利实施，政府和社会资本需按股权比例筹措资本金，即政府出资人代表股权出资 5764.7

万元，社会资本股权出资 6000 万元，项目建设缺口资金部分约 3.46 亿元，由项目公司向银行贷款等渠道解决。

2. 投融资结构

蒙自市人民政府授权蒙自市水务投资有限公司作为政府出资人代表。本项目社会资本以自有资金出资 6000 万元，政府出资人出资 5765.7 万元，并代表以中央预算内资金及省级补助资金出资 2.34 亿元，扣除资本金部分外，即剩余资金 1.77 亿元，政府方以资本公积方式注入项目公司。通过使用者付费收入，来满足蒙自市"两河"生态治理项目一期工程建设工程静态总投资 6000 万元。项目投融资情况见表 6-3。

表 6-3 蒙自项目投融资结构

| 合作方 | 股 权 融 资 | | 投 融 资 | | 合计/万元 |
|---|---|---|---|---|---|
| | 股权出资/万元 | 占比/% | 投融资/万元 | 占比/% | |
| 政府 | 5764.7 | 49.0 | 17659.3 | 51.0 | 23424.0 |
| 社会资本 | 6000.0 | 51.0 | 16969.5 | 49.0 | 22969.5 |
| 合计 | 11764.7 | 100.0 | 34628.8 | 100.0 | 46393.5 |

3. 回报机制

项目回报机制为"使用者付费"的付费机制，即向使用者收取的灌溉和工业供水费用。项目基本水量设定为 4837.2 万 $m^3$/年（工业供水 2137.2 万 $m^3$/年，灌溉水量 2700.0 万 $m^3$/年）。当项目价量不达产而出现亏损时，那么收益缺口部分将被计入亏损资金池中，亏损资金池将由以后年度的超额收益部分（以复利计息）来填补，直到亏损资金池全部被填补；在通过亏损资金池进行补偿后，仍无法正常运作的情况下，启动价格调整机制，或者由政府协调项目公司与当地用户签订供水协议，以其他方式进行补偿；如果项目仍不能正常运转，经政府方同意可适当延长项目合作期。

项目设计了明确的超额收益分配机制。在项目公司的亏损资金池被完全填补之后，若实际供水量高于基本水量或实际供水定价高于预测定价时，触发超额收益分配机制。分配机制为基本水量＜实际供水量＜基本水量 110% 的情况下，社会资本超额分配比例为 51%；当实际供水量≥基本水量 110% 的情况下，社会资本的超额分配比例为 69.90%。

项目设计了明确的调价机制。在运营期内，如果不是项目公司经营管理等原因，导致项目公司连续 2 年的实际供水需求量低于基本水量的 80%，或者供水成本高于 30% 时，那么就会启动水价调整程序，调价幅度一般不会超过 20%。

4. 绩效考核

该项目分为建设阶段的绩效评估和运营维护阶段的绩效评估。在建设期绩效考核方面，本项目建设期绩效考核是以项目建设期履约保函作为考核基数，提取额度的计算公式为：建设期履约保函提取额度＝建设期履约保函×（1－绩效考核系数）。考核得分与提取建设期履约保函的关系见表 6 - 4。

表 6 - 4 　　　　　　　　考核得分与建设期履约保函提取的关系

| 序 号 | 绩 效 考 核 得 分 | 绩 效 考 核 系 数 |
|---|---|---|
| 1 | 得分≥90 | 100% |
| 2 | 60≤得分＜90 | 得分/90×100% |
| 3 | 得分＜60 | 50% |

注　项目公司考核得分小于 60 分，政府方有权直接终止 PPP 项目合同

　　在运营维护期绩效考核方面，项目实施机构等相关政府部门根据项目合同约定，对项目公司的运营服务质量进行考核，每年考核一次，实行打分制，满分 100 分。当项目公司考核得分达到绩效考核达标分数 90 分时，绩效考核系数为 1.0；当评分在 60 分以下，给予严重警告，限期整改；否则政府方可以按照 PPP 项目合同中的约定，从项目公司提交的运营维护保函中提取相应金额。如果项目公司连续三年的绩效考核在 60 分以下，政府可取消项目公司的特许经营权。

　　评估考核得分和绩效评估系数之间的对应关系见表 6 - 5。

表 6 - 5 　　　　　　　　考核得分与绩效考核系数关系表

| 序 号 | 绩 效 考 核 得 分 | 绩 效 考 核 系 数 |
|---|---|---|
| 1 | 得分≥90 | 100% |
| 2 | 60≤得分＜90 | 得分/90×100% |
| 3 | 得分＜60 | 50% |

注　项目公司三年连续考核得分小于 60 分，政府方有权直接终止 PPP 项目合同

### （三）社会资本与项目公司

　　项目通过公开招标方式选择社会资本，中标人为由弥勒中龙置业有限公司与云南建设第一水利水电建设有限公司所组成的联合体，中标价格见表 6 - 6。

表 6 - 6 　　　　　　蒙自市"两河"水生态治理项目磋商价格表

| 序 号 | 中 标 内 容 | 社会资本超额分成比例/% |
|---|---|---|
| 1 | 基本水量＜实际供水量＜基本水量×110% | 50.99 |
| 2 | 实际供水量≥基本水量×110% | 69.95 |
| 3 | 工程决算下浮率 | 0.6 |

　　社会资本与政府出资代表蒙自市水务投资有限公司，共同出资成立项目公司"蒙自长桥海洋环境建设有限公司"，负责该项目的规划、融资、建设、运营、偿债、资产管理及项目移交。其中自市水务投资有限公司持股比例为 49%，为人民币 5764.7 万元，社会资本持股比例为 51%，为人民币 6000 万元。

### （四）激励机制

　　本项目所采用的激励机制主要包括：

（1）在投融资结构设计上，大力争取中央预算内资金及省级补助资金，降低社会资本融资压力，以及后期财政补贴规模。

（2）在回报机制设计上，建立了亏损资金池及调制机制，在降低社会资本运营风险的同时，设计了超额收益分配机制，激发社会资本积极参与项目的动力。

（3）在进行绩效考核上，绩效评估系数和建设运营挂钩，对绩效评估结果进行激励，激励社会资本提升服务品质。

（4）在监管机制设计上，建立了在项目建设阶段以行政监管为主，在项目进入运营期以履约管理和公众监督为主的一个相互交织的监管方法。

## 三、项目点评

总体上看，本项目以 2.34 亿元的政府投入，带动社会资本投资 2.30 亿元。同时，利用供水收益来解决水生态环境治理投入回报，从而改善城乡水生态环境质量，实现了以水促进发展的目标。

### （一）"使用者付费"投资回报机制的做法值得借鉴

本项目的水生态综合治理所采用的"使用者付费"投资回报机制的做法，有点类似于反哺，这是因为，这里的使用者并不是对水生态综合治理所取得的成果付费，而是在水生态综合治理后，提高和提升供水水量和水质，通过水费收入来补偿项目的投资回报。此外，还建立了一个清晰的价格调整机制，也就是建立亏损资金池，若非项目公司原因，当供水量和供水成本超过一定幅度，就会启动水价调整程序，从而保障投资者的利益。

### （二）激励机制的美中不足

本项目的激励机制贯穿于项目的全生命周期。项目在保障社会资本投资收益的同时，从正向和反向两个方面，激励社会资本提供高质量的产品与服务。不足之处在于，由于项目投资收益依赖于水费收入，而调价机制在执行层面上的难度也是显而易见的，在这种情况下，如果没有相应的政府层面的补偿方案，将会影响项目的持续性；但即使有了补偿方案，在执行上也会遇到一定的挑战和困难，这是因为还需要社会资本投入其他的人力和物力等资源才能实现，这同样存在风险。

# 第七节　经验借鉴与问题思考

## 一、可借鉴的一些经验

### （一）PPP 模式可加快水生态综合治理进程

总体上看，这 3 个案例，从项目提出到落地执行时间都较短，工程治理见效快，特别是综合性项目，涉及面广、领域多、组织难度大，通过项目的实施，能够突破行业和专业的限制，形成合力，在一定程度上加快了生态环境治理进程。

### （二）有利于形成多元化的参与主体，提高政府投资效益和效率

PPP 模式通过引入市场机制，吸引社会资本的参与，通过政府、市场与社会主体对生态环境治理目标进行权责分配，通过设计、投资、建设、运营于一体，采取管制、分工、合作、协商等方式，形成了市场化治理机制，解决了水生态综合治理领域长期以来存在的建设责任和管护责任难分、付费方式和追责机制不匹配、无法采取惩罚性措施等问题，提高了水生态综合治理投入绩效，是对水生态综合治理体系全方位、多方面的升级。

### （三）因地制宜设计合理 PPP 模式

由于全国各地社会经济、水资源、生态环境状况巨大的差异、对 PPP 模式的认知以及地方政府的运作特点，决定了水生态综合治理没有一个固定模板可以复制运用。本章分析的 3 个案例，都是公益性较强的河流生态治理项目，都采用了建设、运营、移交模式，但具体操作时，各有特色，因地制宜，探索符合当地实际和行业特点的做法，回报机制也不相同，即有政府付费模式，也有可行性缺口补助，更有使用者付费，合理推进项目进行，为这一领域的 PPP 模式提供了可参考的经验。

## 二、激励机制的经验

本章中特别跟踪分析了水生态综合治理中的激励机制情况，其出发点就是激励相容理论，也就是通过激励机制的设计，在项目执行过程中，能够使社会资本利己的经济理性行为，能够形成有利于政府和社会公众总体利益的结果。以上案例中的激励相容机制主要经验表现在以下 3 个方面。

### （一）政策性激励

水生态综合治理 PPP 项目具有时间长、投资回收慢、非暴利性等特点，在信息不对称条件下，低收益性容易诱发机会主义行为，需要政府从政策上给予激励，提高 PPP 项目的收益水平。政策性激励主要从财税优惠、财政补贴等方面给予社会资本激励。如陈巴尔虎旗水生态综合整治（PPP）项目就设计了增值税及附加税费补贴机制，社会资本按每年实际发生的增值税及其附加税费向政府方提交补偿方案，政府方对补偿方案进行审核后对社会资本进行补偿。蒙自市"两河"水生态治理项目案例以"中央预算内资金"及"省级补助资金"以资本公积的方式注入本项目，放大了资本金占比，降低了社会资本融资难度和准入门槛的行政补贴措施。

### （二）特许经营激励

PPP 模式具有长期关系型契约的特征，在长达 10～30 年的生命周期中，合作双方存在博弈行为，政府激励措施除了财税优惠和补贴等外部性激励措施，更要注重内

在激励与外部激励措施相结合，以充分激发社会资本参与水生态综合治理 PPP 项目的积极性。PPP 项目的特许经营权直接影响项目公司收益和融资成本，设置合理的特许经营权，可以鼓励社会资本在提供优质的水生态公共产品的同时，通过改善管理、技术创新等方式来获得更高的合法收益，如有的项目，除授予特许经营权外，允许项目公司开展水上娱乐设施、户外广告等经营性项目，鼓励社会资本积极创新，激发社会资本在运维管理上的优势，获取更高的合理回报。

**（三）收益分配激励**

项目公司需同时承担本项目的建设及运营维护等，政府方通过设置绩效考核指标，将项目公司收益与项目绩效考核结果挂钩，强化项目产出绩效对社会资本收益的激励约束效果。如陈巴尔虎旗水生态综合整治（PPP）项目、铜鼓县河湖水系生态保护与综合治理 PPP 项目等案例中都采用了绩效付费机制并引入考核系数，根据考核结果对项目公司付费或补贴。有的案例在绩效付费机制设计时，用的是惩罚机制。从激励相容理论角度看，惩罚实际上是一种负激励，与正激励构成激励机制的两个方面。本质上，只有惩罚额度大于潜在收益时，这种机制才能起作用。因此，可以通过补偿机制的作用，使补贴额高于社会资本因信息不对称获得的额外收益，发挥正向激励作用。如有的案例，采取实行惩罚与补贴相结合的措施实现政府和社会资本的激励相容，有效避免机会主义行为给水生态 PPP 项目带来的危害和风险，提高水生态综合治理 PPP 项目的质量。

## 三、主要问题

PPP 顶层制度设计和税收等配套制度尚不健全；项目收益不乐观、需财政给予较大资金支持；项目实施精细化不够、绩效考核等环节形式化现象较为突出；社会资本长期投资意愿不强、民营资本参与度不高等。

**（一）绩效考核合理的评价指标体系不完善**

水生态综合治理是一项综合工程，既有功能要求，又有景观美化要求；同时具有生态效应、经济效应和社会效应。考虑到水生态公益性较强，除以往对回报机制与绩效考核的跟踪，本章还特别增加了激励相容内容。从本章的 3 个案例情况看，项目规范性较好，基本上都按 PPP 政策要求建立了绩效考核机制，但都没有明确具体的考核评价指标，特别是对于综合治理项目，涉及多个领域，其考核指标内容各不相同，需要根据项目情况设置不同的指标。在这 3 个项目中，都没有看到分类的评价指标及打分办法，只做了笼统的约定，项目绩效管理层次和分类上不完整。

水生态综合治理 PPP 模式中，政府所承担的支付义务在 PPP 项目中以"可用性付费"为主，"绩效付费"只是"可用性付费"的补充。从案例跟踪情况看，有的项目合同中未设置绩效考核相关内容，难以对社会资本形成约束；有的项目实施方案并没有将绩效考核作为激励的手段而是当作目的，直接按绩效考核得分将年度补贴金额按一定比例扣除，或作为绩效系数扣除补贴金额，只有惩罚性质的扣款，缺少奖励性质的激励措施，这种方式通常来说效果不佳。

**（二）缺少专项合同，合同文本内容较为简单**

本章的 3 个项目合同基本上都采用的是标准的通用版本。由于水生态综合治理PPP 模式在我国发展时间短，操作经验还不成熟稳定，采用通用版的合同，则不能反映项目的特点，如水生态环境保护项目特征指标、运营维护的结果导向不明等问题较为普遍，与当前环境质量改善为核心的考核管理要求不适应。一方面难免在制订 PPP 项目合同时无法合理界定合作边界；另一方面，对于单体水生态治理项目而言，其合同的制订相对容易，而对于综合性水生态治理项目复杂，涉及专业技术问题较多，相互关联程度高，合同制订就较为困难，就会存在合同内容不够全面等问题，一旦产生争议，则缺乏合理依据，增加谈判和交易成本，进而影响项目执行。

**（三）支持性政策不具体、不落地问题仍然突出**

为推进 PPP 项目实施，国家及地方在相关文件中制定了财政、金融、收费、价格、土地、市场规范等方面的引导扶持政策，但缺少细化、落地的专项政策。如现有专项资金使用政策方式固化，我国传统的财政环保专项支出方式以"前补助"为主，重点支持项目先期建设阶段的固定资产投资，而 PPP 项目有长达 10～30 年的运营期，从建设到运营维护是成本大量投入到逐步收回的阶段，做好后期的运营和管理往往是 PPP 双赢的关键，政策支持针对性不够，前端要么依赖政府投入，要么依赖社会资本融资，后端缺少对水生态综合治理 PPP 模式后续运营维护提供持续的资金支持政策。

**（四）项目收益保障问题**

就调研的情况来看，水生态综合治理 PPP 项目收益主要方式为政府付费和可行性缺口补助，使用者付费项目很少，项目收益依赖政府财政支出。一方面，尽管项目通过财政承受能力论证，一些项目 PPP 协议中约定了政府应将合同项下的付款义务纳入财政预算并由人大出具相关决议，给予社会资本一定的投资信心，但一旦发生突发事件如新冠疫情、大范围洪涝灾害，也会出现支付不及时等违约情况。另一方面，水生态综合治理 PPP 项目具有周期长、投资回收慢、收益低等特点，而从调研的情况看，大多数项目没有明确的税收优惠、补贴和投融资支持的外部激励政策，压缩了项目盈利空间。尤其是在水生态综合治理 PPP 项目采购阶段，在要求社会资本提供高质量的水生态公共产品和服务的同时，又以收益率下浮程度作为标底，使得社会资本主要利润仍然来自建设期。而运营期则面临运营成本上升，使得运营期收益不高，项目收益仍存一定风险。

# 第八节　水生态综合治理 PPP 模式相关影响因素分析

## 一、主要难点问题

### （一）公益性强，难以脱离财政补贴

水生态综合治理类项目因具有较强的公益性或准公益性，往往不能直接带来经济效益，以往多采用政府（平台）投融资，企业实施的模式。近年来，随着我国生态文明建设进程的加快，对生态环境的治理力度越来越大，投资规模越来越大。一方面，地方政府的投资能力受到约束，很难同时承担多个大型项目的建设和建成后的运营维护工作，即使是在财政保障能力较强的地区，此类项目建成后的长期维护成本也是不可忽视的。另一方面，积极创新市场化的新机制、新模式，已经成为了许多地区的选择。但是，不管市场化模式的实施效果如何，都需要时间来检验。即使采用了市场化模式，也离不开政府的财政支持。为了降低市场化模式所带来的风险，许多实施项目都需要政府的补助补贴。尤其是水生态综合治理项目，如果不能形成资金支持和收益补足，或者项目公司在经营过程中，不能对产业的经营开发进行整体控制，或者因为开发效果不佳而导致亏损，他们也会转向寻求政府的支持。水生态综合治理项目对政府投入的依赖性很强，需要与政府投入同步进行。因此，水生态综合整治的关键在于资金难题，对于经济水平不高、财政实力不强的地区，资金困境尤其突出。

### （二）涉及面广，内容复杂

从当前水生态综合治理 PPP 项目的实操情况来看，还存在着如下问题：一是项目所涉及的范围较广，项目类型较多，复杂性较强，具体包括了饮用水保护、市政污水处理、农村污水处理、流域环境综合整治、湖泊环境保护、地下水污染防治等。二是不同类型的项目，其水生态标准与实施技术路线都有较大的差别，而且资金来源和投资回报也比较复杂，并不是固定的，需要将项目用地情况、自然条件、投资预算、管理水平、预期效益等因素结合起来，对项目设施和实施质量进行综合考虑和设计，否则，会直接影响着项目实施质量。

### （三）水生态综合治理很难形成可以直接变现的资产

水生态综合治理项目实施中，通过项目运营所能带来的直接经营性收入有限，更多地体现为生态环境得到改善之后所带来的外部性效应上。所以，水生态综合治理 PPP 项目的运作模式以政府付费为主。在 PPP 强监管政策之下，政府付费受到了支付红线的约束。因此，后期实施的项目多将其与经营性项目打捆操作，但是经营性项目现金流的实现也比较困难，回报机制依然取决于地方政府的支付能力的履约和意愿。

### （四）对运用市场机制实现融资目的项目要求高

利用市场化机制开展项目投融资建设管理，解决水利资金短缺和地方配套资金缺口问题，是推动水生态综合治理的主要路径之一，也是近些年来不少地区采用的主要模式。但是，运用市场化机制开展公益性较强的水生态综合治理项目，首先要解决的是投资收益问题。通常情况下，采用的是用活土地资源收益、盘活经营性资产收益、推行政府购买生态服务、导入多元产业增强收益、回购股权等多种资金平衡方案，是否可实现、如何实现以及实现程度，都是需要重视的突出问题。从当下的情况来看，土地资源出让等收益的实现比较困难。

除此之外，利用市场化机制来实施水生态综合治理项目，有很多方面的优势，但是，在实际操作过程中，组建一家公司来实施各类项目、开发各类型产业的难度较大。尤其是，如果没有建立足够的执行能力，或者吸引整合行业领先资源、合作伙伴，就会导致对资源开发深度不够，不能充分体现资源价值，这对项目的实施、持续发展能力以及水生态综合治理目标的实现产生重大影响。

## 二、主要影响因素

虽然 PPP 模式适用于水生态综合治理领域，但从笔者跟踪和调研情况来看，还存在不少因素影响这一模式的实用性，即影响 PPP 模式在解决投资、建设、管理维护中等问题的实际效果。

### （一）政策法规对水生态综合治理 PPP 模式的影响

在水生态综合治理 PPP 模式中，一般的社会资本作为一种合同制的投资方式，需要在一系列的政策法规及合同的规定下进行，并且受到政策的影响较大，这也是本书非常重视政策分析的原因之一。政策是政府进行宏观调控的重要手段，直接影响着 PPP 项目运营的外部环境以及运营规则，我国政府出台的政策法规以及宏观调控措施，往往会对相关行业和产业产生重大影响，水生态综合治理 PPP 项目也不例外。一方面，政策的不确定性会减少社会资本的参与；另一方面，也会给社会资本提供进入和发展的机会。因此，如果政策法规出现不连贯，变动频繁，且无稳定的政策引导市场预期，势必会对社会资本进入造成一定影响。

### （二）回报机制对水生态综合治理 PPP 模式的影响

项目性质与投资收益水平，既是确定 PPP 模式运作方式与收益机制的核心，又是能否吸引社会资本参与的关键。政策明确的使用者付费、可行性缺口补助以及政府付费回报模式，都与项目盈利水平的测算相关，而项目盈利能力则与供给产品的定价、利用规模、运营成本以及财务成本等因素有一定的联系，但是，这些指标在政策上还缺乏合理的、明晰的参数边界条件和测算标准。目前，不少水生态综合治理 PPP 项目实施方案对盈利能力的分析过于简单、粗放，一些测算结果与实际存在着较大的差异。多数项目依赖"使用者付费＋政府可行缺口补助"机制，缺少必要的尽职调查与多方案比较。虽然这种模式可以增加项目的吸引力，但是在技术和服务等方面，社会资本的激励会受到限制，而且很容易出现"兜底"和"回报承诺"等违规行为。

此外，从不同回报机制项目的进展情况看，政府付费项目执行情况最好，但受政策影响，推广空间有限。而采用可行性缺口补助和使用者付费两种方式的项目，因为受到市场的影响比较大，所以，除非风险可控，否则社会资本一般轻易不介入，即使进入了，也会存在着执行不力的问题，尤其是在经济发展水平较低、市场化机制不活跃的地区，项目进入运营期之后，项目前期双方考虑不充分的地方都会暴露出来，一旦协商困难，很容易导致项目中途夭折。

### （三）绩效考核机制对水生态综合治理 PPP 项目的影响

在 PPP 项目执行和管理过程中，绩效考核的奖罚激励机制，因其具有监管作用，可以有效地降低政府的管理成本和投资效率。在水生态综合治理 PPP 项目中，通过奖惩措施激励社会资本积极作为，惩罚不作为，激发社会资本的内在动力。为了激励社会资本的绩效水平达到政府设定的标准，政府一般采用奖罚系数作为经济激励手段，在每一阶段结束时，政府会对社会资本的实际绩效是否达到绩效标准进行评估，对社会资本存在超出绩效标准，或无法达到绩效标准的行为，支付或收取一定的费用，作为奖励或惩罚。绩效奖罚激励方式将绩效付费与监管成本的内在机制结合在一起，能够有效地激发社会资本的积极性，同时还能降低政府的监管和执行成本，使得激励机制在无需过多监管的情况下自动运转。

在 PPP 模式下，政府可通过制定科学、合理的绩效指标、灵活设置奖励与惩罚系数等方式，增强社会资本对水生态综合治理的内在动力。

### （四）项目特点对水生态综合治理 PPP 模式的影响

总体而言，在国家政策的支持和社会舆论的关注下，水生态综合治理取得了一定的进展。但是，由于这类项目涉及的行业多、内容多，在项目全生命周期中各个阶段，还存在着一些问题，具体如下：

（1）在项目筛选阶段，水生态综合治理项目往往是由若干个项目组合而成，有的单个项目规模小，有的项目数量多，造成水生态综合治理 PPP 项目的管理难度大、建设周期长。

（2）在项目采购阶段，由于水生态综合治理项目的特点，要求参与的社会资本需具备跨行业设计和施工能力，从而加大了参与方的难度。

（3）在项目执行阶段，由于水生态综合治理项目涉及行业和领域较多，内容也较大，在后期运维时，需要投入大量的资源，使得后期的运营维护难度加大，人力成本较高。

# 第九节　水生态综合治理 PPP 模式
# 主要环节的解决方案

水生态治理综合性强，涉及主体多，而水的流动性带来的上下游、左右岸关系，以及涉水事务的复杂性，这些都给治理主体的责任边界带来了很大的困难。引入 PPP 模式，能够通过系统治理、以项目的方式来突破体制边界，并建立起投建运一体化的机制，从而推动水生态综合治理的发展。

## 一、项目主要类型及适用范围

### （一）以水系治理为核心的水生态综合治理项目

此类项目主要是以区域水体治理和生态水系修复、海绵城市等为基础，实施 PPP 模式的水生态综合治理项目。在建设和运营过程中，水生态环境修复和治理相关指标的管理是其主要目的，主要作用是改善区域水生态环境，提高土地价值。

### （二）以生态建设为核心的水生态综合治理项目

此类项目主要依托以河道治理、周边水生态景观建设为基础，偏向于水景观类的水生态综合治理项目，主要用于改善城乡居民的生活环境和生态品质，其建设和运营的重点，在于围绕河道水域的生态景观和园林绿化的建设和维护。

### （三）流域整体开发模式的综合类项目

此类项目包括多个子项目，覆盖水环境、水生态、水景观、水利及智慧水务等多个领域，并且各子项目之间存在着直接或间接的联系。如果将各个子项目单独设计成 PPP 模式来实施的话，会导致主体众多、流程繁琐、考核复杂。但是，如果将这些子项目捆绑在一起打包实施，就可以一次性选择出综合能力比较强的社会资本，这对本区域整体水生态环境的统筹监管十分有利。

当然，项目类型的捆绑化也提高了项目实施方案的设计水平，同时也对社会资本的综合运营能力提出了更高的要求。

## 二、社会资本的选择

PPP 模式合作时间长，而社会资本选择为前置竞争方式，运营过程缺乏竞争性。在 PPP 模式中，由于社会资本进入具有一定的排他性，且具有自然垄断的市场特征，因此，在选择社会资本时应进行多方面的考量。

### （一）主体资格

PPP 模式要求社会资本必须具备一定的能力，即不仅要具备一定的投融资能力，还要具备一定的运营和管理能力。在实际操作中，可以根据项目的需要和项目的特点来选择社会资本。一是融资需求较高,即要求社会资本具有较强的融资能力,这是目前选择比较多的方式。这在一定程度上表明了现阶段 PPP 模式的重点还在于融资。二是根据项目建设运营特点,如果建设任务重,可以选择与项目相关产品和服务的供应商、项目直接受益者的社会资本以及联合体方式的社会资本。如果项目运营任务重,可以选择具有运营经验的社会资本。

### (二)选择方式

可依据项目采用的 PPP 的具体合作模式,确定适宜的社会资本的选择方式:

(1)以竞争性的方式选择,包括公开招标、竞争性谈判、邀请招标、竞争性磋商。其中,首选公开招标,有利于消除隐性壁垒。

(2)依据项目盈利机制的情况选择。根据国外 PPP 模式的经验,当项目赢利机制尚未成熟时,一般采用竞争性磋商,当项目赢利机制成熟且边界明确时,合同条款已定型,多采用公开招标。由于流域综合治理、生态修复等项目边界不清晰,治理内容具有较强的正外部性,而且对投资人的资金实力、技术实力、投资运营能力、建设实施能力都有较高的要求。所以,采用竞争性磋商选择专业化公司作为社会资本,是比较合理的一种选择方式。实践也证明,采用这种方法,可以有效地保证项目进度,达到建设目标。

### 三、合作模式的选择

从本章中情况看,水生态综合治理领域主要有 8 种合作方式,分别是 BOT、DBOT、BOO、ROT、DBO、BOO、TOT 以及组合模式等,其中以 BOT 和 DBOT 模式为主。因为 PPP 模式强调运营,运营企业是对最终效果负责的一方。在传统 BOT 模式下,运营企业无法参与到前期环节,只能被动接受设计和建造不合理的地方,一旦运营效果不佳,就不可避免地会引发建设方和运营方之间的责任互相推诿。对基础设施类的单体工程,可采取 BOT 等方式;但是,对于以综合性治理为主的公共服务类项目来说,因为各类子项的特点各不相同,并且相互关联,因此运营事项也比较复杂。因此,在精细化及效果导向的前提下,施工与运营被分割开来,这在一定程度上会导致运营环节的效益。因此,可以选择集设计、建设、运营于一体的合作模式,比如 DBOT、DBO 模式,在同一个主体下,施工与运营之间形成配套关系,这样就避免了由于不同主体衔接而导致的资源和效率损耗。在今后,水生态综合治理项目仍将以多个领域结合的多种模式同时实施,各个地区可以根据当地的社会经济发展水平以及项目特点等情况,选择适合自己的项目运营模式,并以各地区的中长期财政规划以及项目全寿命周期内的财政支出为依据,对项目展开财政承受能力的论证,以防控风险。

同时,从《关于生态环境领域进一步深化"放管服"改革推动经济高质量发展的指导意见》中看，要探索以生态环境为导向的城镇开发（EOD）模式，推动生态环境治理与生态旅游、小城镇建设等产业的融合，并在多个领域创建示范标杆项目。在未来，要在经济发展和环境保护之间找到一个平衡点，把环境资源转变成发展资源，把生态优势转变成经济优势，采取产业链延伸、联合经营、组合开发等方式，把公益性较强、没有直接收益但外部收益性较好的生态环境治理项目，与有收益的产业结合起来，实现溢价增值部分对生态环境保护投入的反哺，解决公益性项目财政投入不足的突出问题，逐步强化生态环境导向的开发模式，这一模式将成为未来水生态综合治理 PPP 模式的发展方向之一。

## 四、回报机制

从本章梳理的资料情况来看，水生态综合治理 PPP 项目多采用的是政府付费和可行性缺口补贴回报机制，这种依托财政补贴的回报机制具有投资风险不大，但同时收益率也不会太高的特点，具有吸引社会资本参与的优势。从全生命周期的角度来看，PPP 模式在水生态综合治理中的回报机制可从以下几个方面来解决。

### （一）提高项目的服务水平，获得正向激励收入

技术、管理、人才等优势，可以为社会资本提供强大的支持。为了保证社会资本能够提供最好的服务，在确保公共利益最大化的前提下，在政策上应该有与之相适应的激励相容的制度安排，鼓励社会资本在实现投资的最大收益的同时，还要维护自己较好的商业信誉，激发提升服务水平和效率的原生动力，从而获得有效的报酬。

### （二）鼓励采用高质量的项目建设运营技术和方法

追求利润最大化是商业的本质和社会资本的天性。PPP 模式的引入可以充分利用资本逐利性这一特性，在建设、运营管理等环节赋予社会资本自主权，可激励其制定优化的建设方案、健全的运营管理制度，在降低建设费用的同时提高运营效率。

### （三）补偿资源开发权

适当扩大项目公司的经营权，鼓励社会资本以水生态综合治理项目为依托，探索开发项目合理的盈利模式，并积极创新以市场为导向的回报机制。

利用水生态综合治理等对产业开发带来的增值效应，比如土地增值、旅游增值、休闲增值等，将项目周边一定数量的资源开发权出让给社会资本，或者为该类产生收益的提供配套服务，弥补主体项目财务上的收益短板，提高项目的整体盈利水平，可以确保社会资本在获取合理回报的同时，降低政府付费规模。

### （四）从全生命周期角度，尽早吸纳社会资本参与，增加盈利链条

在项目设计阶段，就要充分考虑到工程建设期和项目运营期的需求，提前设计出最为高效、优化的运营方案，并通过后续的工程建设、运营管理，进一步落实设计方案，提高建设运营效率，有效降低成本，实现规模效应，降低总体的单位成本，提高

公司的盈利能力。

### 五、激励相容机制与绩效考核

#### (一) 激励相容机制

机制设计理论认为，在市场经济环境下，每个理性经济人都有自利的一面，会按自利的原则行事，如果存在一种能够将个体对自身利益的追求与群体价值最大化的目标一致的制度安排，则称为"激励相容"。现代经济学的理论和实践表明，按照"激励相容"原则，可以有效地解决个体利益和群体利益之间的矛盾，使个体的行为方式和结果与集体价值的目标最大化相一致。

对于水生态综合治理 PPP 项目，作为机制设计者的政府，可以通过构建合理的规则、项目收益分配的激励措施，建立起有效的相容激励机制，促使社会资本充分发挥其主观能动性，让社会资本在符合政府期望的水生态文明建设目标的情况下，既能实现自身利益的最大化，又能让参与者心甘情愿地按照政府所期望的目标去行动。

#### (二) 绩效目标

水生态综合治理 PPP 项目具有投资回报率低的特点，而且项目的建设规模大，因此需要建立有效的激励机制，以增强社会资本持续参与并提高服务质量。在激励相容机制下，首先要明确考虑在既定资源配置及合作期内，社会资本向政府及社会公众提供的产品或服务应达到 PPP 合同约定标准，并对经济、社会、环境等带来可持续性影响，主要绩效目标主要内容如下：

(1) 预期产出目标，包括 PPP 项目产出的数量、质量、时效、安全等目标，以及达到预期产出所需要的资源配置、成本支出等。

(2) 预期效果目标，包括 PPP 项目经济效益、社会效益、生态环境效益、可持续影响和社会满意度等。

(3) 衡量预期产出、效果、效率的绩效评价指标体系（评价指标、评价标准、指标权重），以及与评估结构挂钩的政府付费办法等。

#### (三) 激励相容、按效付费的设计

采用 PPP 模式，政府可以完成项目融资，为社会公众提供公共产品或服务，同时还要平滑财政支出，减轻债务负担；而社会资本则追求收益最大化。基于这一现实，就需要一种行之有效的绩效管理与监督机制，不仅可以促使社会资本积极地加强管理，降低项目的全寿命周期成本，提高公共服务与产品的质量与效率，还可以使政府以最低的支出对价支付给社会资本，满足社会公众的需要。为此，有必要建立与 PPP 项目绩效考核结果挂钩的支付制度。

1. 根据不同的项目特点，制定不同的绩效考核结果与付费支出相结合的办法

一是以"激励相容、提质增效"为绩效目标的绩效评价，其结果直接作为对项目

公司成本补偿的合理回报。二是以"提高财政资金使用效益和实现资源有效配置"为绩效目标的 PPP 项目绩效评价，其结果作为财政部门审核、拨付 PPP 项目预算资金的依据。这种建立绩效评价结果挂钩付费办法，无论是哪一种挂钩支付方式，都不能违背国家有关 PPP 政策，并应事先在 PPP 实施方案或 PPP 合同中明确约定好。

2. 绩效评价结果要设定明确的分值区间，并与政府支出责任下的付费比例挂钩

例如，考核分值在 90 分以上，政府支出责任下的付费比例为 100％；考核分值在 80～90 分，政府支出责任下的付费比例为 90％等。明确绩效结果奖惩机制，可以有效地引导和激励社会资本、项目公司主动提高服务的质量和效果，还可以在认定政府付费年度支出金额时提供明确的依据。

3. 绩效挂钩办法应充分体现"激励相容、按效付费"的 PPP 精髓

根据 PPP 政策规定，项目实际绩效优于约定标准的，项目实施机构应执行项目合同约定的奖励条款，并可以将其作为项目期满后合同能否展期的依据；如不符合规定的标准，则项目实施机构应执行项目合同约定的惩处条款或救济措施。因此，在 PPP 项目操作中，可以考虑增设奖励条款，体现激励相容。除了采取给予一定金额奖励的方式之外，还可以创新激励手段，比如对建设管控有力，而且能够缩短工期验收合格的 PPP 项目，可以约定给予"合作期＋缩短工期"的奖励；在运营期绩效评价结果优异的项目，可以约定"合作期＋延长一定经营年限"的奖励。

# 第七章

# 拓展水利市场化融资模式研究

## 第一节　水利市场化融资的基本逻辑

寻找投资回报的市场逻辑，促进各类社会资本积极参与，是深化水利投融资改革最大的困难与难点。

### 一、水利项目的公益性与市场化融资的逐利性

1997 年，国务院印发《水利产业政策》（国发〔1997〕35 号）明确提出鼓励社会各界及境外投资者多渠道、多方式投资水利建设。该文件将水利项目划分为甲乙两类。其中，甲类项目为社会性强的公益性项目，建设资金主要从中央和地方财政性资金中安排；乙类为以经济效益为主、兼有一定社会效益的准经营性项目，这类项目的建设资金主要通过非财政性的资金渠道筹集。但是，由于实施时间太短，相应的配套政策没有跟进，同时，由于国家于 1997 年、1998 年分别设立了水利建设基金和预算内专项资金，并逐步成为水利投资中较为稳定的来源，使得水利投资构成中的财政投入占比较高，这表明了乙类项目政策的效果不明显。

2015 年和 2017 年，国家发展改革委等三部委为落实《关于创新重点领域投融资机制鼓励社会投资的指导意见》，印发《关于鼓励和引导社会资本参与重大水利工程建设运营的实施意见》（发改农经〔2015〕488 号）和《水利 PPP 操作指南》，期间选取 12 个具有供水、发电等经营性收益的项目作为 PPP 模式的试点，但受各种因素影响，这 12 个项目中最后仅有一半的项目落地，其中还有一些不合规需整改的项目。水利工程吸引社会资本参与政策成效不明显的根本原因，在于水利项目正外部性向内部转化形成市场化融资基础的机制不明确。一方面，许多水利工程兼有经营性和公益性两种功能，难以清晰界定公益性资产和经营性资产之间的边界，生态效益和社会效益难以纳入项目中；另一方面，项目传统立项审批模式的经济评价部分，在财务评价尤其是对经营性收益部分的评价方面，缺乏详尽的市场调研，水分较大，存在较大的不确定性，经济效益往往难以

达到预期，难以为市场化融资提供合理依据。综合起来看，无论是经营性还是准经营性水利项目，都具有一定的公益性，很难将其正外部效益货币化，或者完全实现市场化机制。

拓展水利的市场化融资渠道，首先就需要解决好水利项目中的公益性部分的市场化逻辑问题。被广泛推广的 PPP、ABS、REITs 等水利市场化融资创新工具，并没有改变他们作为金融产品逐利的本质特征。而解决回报和收益问题，也有悖于水利工程所强调的公益性和社会性的政策目标。为了弥补项目本身收益的不足，往往还需要财政给予一定的补助和补贴。所以，公益性部分的回报问题不明朗，开展市场化融资的难度就很大。与此同时，如果投融资模式没有真正实现市场化，也就没有解决好投资效率和效益的问题。

## 二、传统融资模式与市场化融资模式的融资成本比较

水利项目建设具有较强的公益性、基础性和战略性。以贷款融资为主的传统融资模式，拥有多种形式的政策支持，很多项目可以得到政策性贷款或财政贴息，银行贷款可以采取延期还本付息等多种方式，大大降低了实际融资成本，实际融资刚性约束条件不高，因此传统模式的融资成本较低。采用市场化模式之后，就必须要考虑投资者的融资成本、投资回报等问题，如果不能对项目投融资模式和结构进行全生命周期的优化设计，就会导致交易成本和运营成本的增加。如许多人认为，采用 PPP 模式加大了政府的投资成本，采用传统模式更为适宜。所以，水利项目采用市场化融资，就一定要充分发挥市场配置资源的作用，在尽可能降低融资成本的同时，提供的产品也需要比传统的融资模式在效率和质量上更优，更经得起时间的检验，才能更容易为相关各方所接受。

## 三、市场化投融资需要有明晰的回报机制

根据水利项目的特点，即使是供水类的单一的水利项目盈利能力也不高，如供水工程，水价是项目收益的一个重要指标，但是由于其公益性，定价机制动态调整的实现难度大。然而，多数水利工程缺乏使用者付费机制，其生态、景观和社会等价值尚未融入到项目的回报机制中。总体来看，水利项目的投资收益率偏低，这就造成了新建工程融资困难，存量工程难以盘活，市场能力难以发挥，政府不仅要在建设阶段给予大量的融资支持，在运营阶段也要给予财政补贴。要发挥财政资金的杠杆作用，充分利用好社会资本，就必须要抓住投资回报中价格这个牛鼻子，或者由使用者来承担，即满足投资收益要求的成本与利润，转移到产品使用者付费机制中；或者由政府来承担，即由政府来补偿差额。在这一过程中，不仅要提高投资效率，还要兼顾社会因素，具有很强的敏感性和难度。

多年来，水利投融资改革始终未能形成市场化的投融资机制。究其原因，在于收益机制不明确。市场化融资的先决条件是，资金的投入要获得与风险相称的回报，但目前水利项目所提供的回报与资金的逐利需求并不相匹配。可以说，水利投融资改革不仅仅是融资方式和融资工具的创新，回报机制问题，在很大程度上决定了水利投融资改革的成败。要想实现上述的匹配关系，有效地吸引社会资本的投入，构建明晰的回报机制，就需要在体制机制上进行创新，需要打破单纯以水利项目进行融资的模式，在项目中引入正外部性，还需要打破现行的项目立项和审批方式，站在市场化融资的角度来对项目进行经济评价，明确能够发挥政府投资引导带动作用的融资方案的可行性和可操作性。

# 第二节　水利项目市场化融资的方案

建立市场化的水利投融资机制，必须立足于水利工程的战略性、营利性、公益性等特点，采取多种措施"两手发力"。一方面政策的引导与推动作用，包括资金投入保障和明确的激励机制；另一方面，通过改革的方式解决建设资金难题，合理运用各类融资工具，谋划以市场运作方式，吸引社会资本参与水利投资建设与运营的实现路径，最终形成多元化、多层次、多渠道、合理有效的水利投融资机制。

## 一、主要思路

### （一）从多元化、多层次、多渠道融资视角出发

目前，我国投资拉动经济增长的总体策略和方向没有变，但是，我国投融资体制改革进程，其理念、政府职能、管理责权、审批制度、管理手段、融资模式、融资渠道、融资主体等方面，都已经发生了较大转变，也就是由传统扩张式的投资拉动向追求投资质量和效益的方向转变。从国家出台的诸多投融资改革政策中，不难发现我国基础设施和公共服务领域投融资逻辑发生了变化，也就是由政府投资主导向政府投资引导和带动转变，从政府配置资源和要素转变为更多由市场来配置和定价，从而提高政府投资的效益和效率。

### （二）充分利用市场融资环境和工具

经过多年市场化进程和投融资体制的改革，我国的投融资环境越来越规范，融资工具越来越多样化，资本市场也越来越活跃，这些都为水利投融资改革提供了有利条件。从资金供给方面来看，我国资本市场或长期资金市场的资金规模巨大，已经成为了基础设施资金配置的重要来源，合理地引导更多中长期资金进入水利行业，能够满足水利工程建设的资金需求。从融资成本方面来看，在全球范围内，贷款利率水平已经呈现出下降的趋势。相比较而言，我国的融资成本还是比较高的。因此，国家已经

出台了相关的政策，降低资金使用成本，比如 LPR、定向降准、再贷款、再贴现等货币政策工具。从融资工具方面来看，当前，在水利工程建设中，可以使用的融资金融工具有很多。如在国家"十四五"规划中，就提出了一系列鼓励创新与应用的投融资渠道，包括股权融资、产业投资基金、不动产投资信托基金（REITs）、基础设施长期债券等。整体而言，水利建设资金需求规模大，目前，缺乏的是能够吸引社会资本参与的合理有效的机制。

### 二、思路框架

推进市场化融资的核心在于政府，需要从两个基本方向展开和拓展（图 7 - 1），两端发力、形成合力的关键是构建好市场引导机制，解决好回报机制问题，用好金融市场提供的各类融资工具，构建多元化、多层次、多渠道筹融资模式，实现水利供给质量和效益的双重目标。一方面，要充分发挥政府在财政投入、政策激励等方面的重要职能和积极作用，优化项目的选择，好钢用在刀刃上，采取行之有效的方法和措施，发挥好政府在投资责任和资金保障方面的作用。另一方面，要运用改革的方式来解决水利建设资金难题，进一步理顺水利建设项目的政府和市场之间的关系，合理把握水利项目投资的市场逻辑，明确不同类型项目的回报机制。其中，对于经营性项目或者项目中经营性功能的部分，采取市场化的融资方式；在项目中纳入水利项目的正外部性收益，以提高项目的可融资性，支持打破传统项目立项、审批边界的融资模式；有效发挥政府投入的杠杆作用，用好各类融资政策和金融工具，想方设法引领和撬动各类社会资本投资水利，形成以政策支持为引领、以政府投入为引导、发挥好市场配置资源的作用，优化市场要素吸引社会资本投入参与，实现提高投资效率和效益。

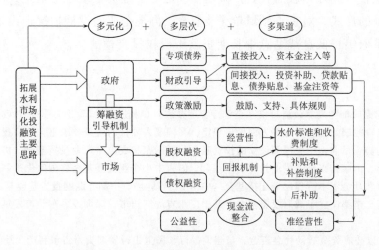

图 7 - 1  拓展水利市场化投融资思路框架

## 三、政策措施

根据水利建设与发展的资金需求，按照图 7-1 的思路框架，进一步理顺政府与市场在水利建设项目中的关系，充分发挥政府在财政投入与政策推动中的重要作用，建立起有效运转的政府融资，引导机制积极探索新型融资方式，将政府各类资金、产业基金等作为融资的抓手，以政府向企业提供的有效运行、保障有力的投融资等政策支持为导向，充分调动各类社会资本参与水利建设的积极性，引导、撬动社会资本对水利建设与发展的投入。

### （一）积极完善政府出资方式

在保障财政投入规模的基础上，充分发挥政府投入的杠杆作用，从发挥信贷资金对水利建设的促进作用，争取政策性中长期贷款，扩展到直接投入、资本金投入、贷款贴息、专项债券（水利专用）、政府投资基金、盘活存量资产等多种方式，充分发挥公共财政投入和公共政策的主导和撬动作用。

由于以平台为载体的融资方式已经被规范管理，除了 PPP 模式之外，要想拓宽融资渠道，就需要挖掘直接融资和现有项目的融资潜力。从直接融资角度看，一般债券、专项债券等在直接融资体系中发挥着重要作用。其中，专项债券可以作为一定比例的项目资本金，对具有一定收益的水利项目进行融资支持，并采用"债贷组合"的新模式解决部分融资需求，但是，专项债券的发行额度有总量红线限制。在存量项目方面，经过多年的建设，我国已经形成了庞大的水利资产沉淀，如果能将这些资产中的 30％盘活，其规模将会相当可观。因此，通过资产证券化、不动产投资信托基金和 PPP 等方式，利用这些存量资产融资，理论上有着巨大的潜力，但同时也存在着较大的难度与风险，这是因为，这些融资工具的使用，需要与资本市场以及财税金融体制的改革紧密配合。此外，政府投资产业基金❶是与金融资金或社会资金共同发起成立，通过股权投资的形式，对重点领域给予支持❷，再视企业的发展情况退出投资。因此，可积极探索采取银行低息或贴息中长期贷款＋股权投资模式。

---

❶　2015 年财政部印发《政府投资基金暂行管理办法》（财预〔2015〕210 号），对政府投资基金的设立、运作和风险控制、预算管理等方面做出规定。在国家去杠杆的政策要求下，政府投资基金数量和规模都呈下降趋势。目前，中央层面设立的投资基金包括国家集成电路产业投资基金、国家新兴产业创业投资引导基金、国家新兴产业创业投资引导基金、国家中小企业发展基金、国家先进制造业产业投资基金、中国政府和社会资本合作融资支持基金（中国 PPP 基金）、中国互联网投资基金等。在地方层面，绝大多数省、区、市都设立了政府投资基金，其中广东省的广州市、深圳市、东莞市发展政府投资基金较早、较为成熟。

❷　贵州省以政府资金撬动社会资金，与建设银行、民生银行发起贵州省水利产业基金引入资金 28 亿元，与上海巴安水务股份公司与省内社会资本设立规模 30 亿元的贵州水业产业投资基金。

## （二）发挥好金融服务体系的作用

积极拓宽并丰富项目的融资渠道，鼓励金融机构改贷为股，形成多种金融工具组合使用的多层次项目融资市场。主要做法有：推进国有四大行及其他商业银行、基金资管、券商资管、信托、投行等金融机构，以合适的方式对水利进行投资，利用好水利项目虽然工期较长、盈利能力较弱但收益长期而稳定、有形固定资产等特点，确定优惠的信贷政策，具体包括：超长期贷款期限、适宜的宽限期、优惠的贷款利率、最低的资本金比例、灵活的信用结构、多种类的金融产品、最快的审批时间、信贷规模倾斜、资金供应保障、充足的信贷额度和重点领域绿色通道等；促进推动传统的贷款模式向贷款、基金、债券承销等多元化融资工具、直接融资和间接融资组合等模式发展。

## （三）明确分级分类的投入机制

根据国家对政府间事权与支出责任相匹配的财政体制改革的要求，为充分发挥各级政府和社会资本的积极性，就需要厘清各级政府对项目融资的投资责任，进一步完善事权清晰、职责一致、符合项目特点的投入体系，并建立起相应的社会资本参与的引导和回报机制。根据各类工程情况，建立符合各类项目发展的分类投融资管理体制。对公益性较强的项目，建设投入以政府为主，可采用各级政府多级联贷，集中统贷、分级使用和偿还，解决好期限错配问题；对具有一定收益的项目，建设投资以政府和市场化融资为主；对经营性较强的项目，建设投入以企业为主，政府给予一定资本金支持。

## （四）构建多渠道筹融资新模式

要充分利用好新建工程和已有工程的效益，为运用多样化的融资工具和融资方式提供基础。除有效沿用传统的中央和地方预算内资金、政府性基金和银行贷款投融资渠道外，其他的投融资模式还有引入战略投资者、私募股权基金、产业基金、企业债券等。按照经济合理原则，统筹工程投资和效益，对多样化的融资工具和融资方式进行综合配置，积极从政策性银行、商业银行、投资机构等渠道，采用适宜方式和金融工具筹措资金，并遵循"谁投资、谁受益"以及风险与收益对等原则，对投资收益和退出机制进行明确，吸引社会资本投入。

根据水利项目特点，结合水利建设发展的需要，可探讨建立政府水利投资基金，鼓励以社会资本为主发起成立水利产业基金。对于项目边界清晰、回报机制明确的项目，可以优先进行基础设施投资信托基金的试点工作，充分发挥好资产证券化所具有的较长周期、股权投资、降低杠杆、收益稳定等优势，将存量项目盘活起来。

## （五）促进以市场为导向的水利融资活力

面对水利建设中筹资压力，一方面要强化政府投资效率，以效率换增量。公益性项目由政府直接投资，以强化投资效率为目的；对于准经营性项目，政府主要以资本金投入为主，同时承担相应的付费或者补助，鼓励并吸引保险公司、基金公司、社会保险基金、商业银行等投资机构者和企业投资者等各类资本进入其中，扩大筹融资渠道和规模。同时，要积极拓展水利设施服务与经营功能，增强水利设施造血功能，允许将工程建设和一定时期的养护进行捆绑，允许将经营性强的重点工程与公益性强的工程捆绑实施，鼓励通过招投标约定等方式引导各类社会资本参与进行，增强项目面向市场融资的吸引力。

探索与项目特点相适应的激励方式，鼓励社会资本进行直接融资。对于公益性项目，要与有现金流的项目捆绑，争取政策性银行给予优惠利率，降低资金使用成本。

**（六）推进水利市场主体改革，适应投融资改革要求**

充分发挥水利等市场主体作用，采用战略投资、新设公司、并购重组、混合所有制等方式，以各种方式提高融资主体信用，积极采取各种合作方式开展水利建设，灵活使用政府和社会资本合作模式。鼓励市场主体以股权和公司债券等方式进行直接融资，符合条件的，可以发行公司债券；市场化融资期限要与项目的期限保持一致，以减少期限不匹配的风险；在保证资金供给稳定的同时，应选择成本较低的资金来源。

**（七）完善工程供水价格机制，建立合理回报机制**

进一步完善工程供水价格机制，建立健全补偿成本、合理盈利、激励提升供水质量、促进节约用水的价格形成与动态调整机制，以保障供水工程和设施的良性运行。根据供水成本、费用和市场供求的变化情况，适时调整水利工程供水价格，落实水价标准及收费制度，形成合理的回报机制。对执行政府定价或政府指导价后无法收回成本的，可以根据实际情况，安排财政性资金，对运营单位进行合理补偿。鼓励供用水双方通过协商确定供水价格，吸引更多社会资本参与水利工程建设运营。

# 第三节　通过增强水资源利用效益增强市场化融资的方案

水资源具有饮用、发电、景观、灌溉、生产、航运等多种功能。在社会经济发展过程中，水利作为国民经济最基本、最重要的基础设施之一，其开发与利用的重要性不言而喻。近年来，随着社会的进步、经济的发展、生态环境的建设，丰富与优质的水资源，在目前已成为稀缺资源；水的娱乐、审美等功能所提供的增值和休闲功能也得到了越来越多的重视，优质水资源在降低生产成本方面的作用也得到了越来越多的企业的认可，水的附加效益得到了更多的体现，这种水资源优势以及滋养的良好水生态环境，已经成为了一种重要的新型资源。

因此，水资源优势向经济优势的转化，需要顺应时代发展、符合市场需求，将水资源开发利用放在全局高度谋篇布局，用新的理念去认识、开发利用水资源的直接和间接优势，运用多种方法与措施，把水资源优势和自然水生态环境优势，转变为经济发展的优势，形成生产力与新的增长点，从而为水利建设筹融资提供了新的视角。

## 一、发展对水资源有特殊需求的战略性新兴产业，打造高型、高质量工业产品

### （一）主要思路

在传统工业生产中，为了达到特定的水质要求，必须采用水净化设备等手段。而具有特殊水资源条件的地区，如水质、水温等，因为其节省成本、提高产品质量等功能，已开始成为一些行业的首选之地，如电子、包装水、制药、大数据中心等产业优选之地。基于此，可以摆脱传统对水资源的直接开发利用的理念，而转为资源优势的间接开发利用过程，通过经济发展来获得相应的投资，回归基础设施投资出发点。

基于这种思路，产业发展要在不断强化和突出可利用水资源显著比较优势的基础上，考虑到水环境质量保护的要求，将产业创新能力和竞争力作为重点，大力培育和发展知识技术密集、物质资源消耗和排放少、成长潜力大、综合效益高的战略性新兴产业，积极开拓低温水利用相关产业，注重产业创新能力和竞争力，推动产业规模壮大，从而成为经济社会发展的新动力，进一步为水利建设和发展提供支撑。这一思路的发展模式如图7-2所示。

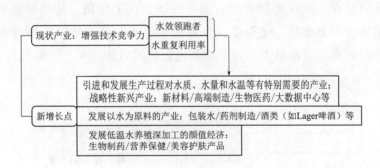

图7-2　工业用水增效的思路

### （二）实现路径

一是依托已有工业基础，以现代先进清洁生产工艺为依托，以原料资源高效利用为核心，引导企业研发与工业用水有关的新产品、新设备与新服务，实施工业节水技术改造工程，提升工业节水设备与技术水平，创建"水效率领跑者＋绿色企业"的工业水高效工业产品，形成产业新的扩张能力。

二是加强对水环境质量有特殊要求的产业的开发；如新材料、高端装备业、生物制药、智能装备等新兴战略产业，要与水资源条件相匹配，使其优势明显增强，并能进一步扩大规模。还可以将水源地环境优势充分利用起来，发展包装水产业，与饮用水产业小生产、大营销的发展特点相适应，提升地域名片效应，打造天然、健康、高

端的饮用天然水（山泉水）品牌，形成纯天然、无污染的生态形象，从形态开发、功能开发走向产业规模扩大。利用天然优质的水，良好的自然水生态环境，也可发展适合于新一代消费群体的高端酒类产业，如 Lager 啤酒。

三是对低温优质水资源的开发与利用。一是冷水鱼具有较高的营养价值，有着广阔的市场前景。发展低温养殖的产业链，进行生物医药、营养保健、美容护肤等方面的开发研究，推动"颜值经济""健康经济"的发展。二是发挥"冷水"资源的"冷却效应"，吸引区域性大数据中心和新型动力产业入驻，大力发展"互联网＋"和"AI＋"与实体企业相结合的数字经济；此外，也可发展避暑、纳凉的休闲娱乐等产业。

## 二、发展滨水经济和水上经济，打造水旅、文创、水地和康养产业，形成有吸引力的水品牌

### （一）主要思路

如果区域内有山湖田湖的格局，有优美的水生态景观，就拥有了区域特色优势，那么在河道整治工程建设中，可以加入许多现代化的元素，如绿道、廊道、廊桥、廊房等，从而可带动河道两岸的服务业和工业的发展，产生显著的经济效益。还可依托自身特有的水历史文化（如果有的话），民俗风情，优美的水生态环境，凉爽的气候，历史与现代水利景观，形成廊桥景观、滨水经济、水上经济、战略性新兴服务业等，并拓展水上运动、水上廊桥、文创业、大数据服务业、环水地产、康养等产业发展，成为第三产业新的亮点与推动力。这一思路的发展模式如图 7-3 所示。

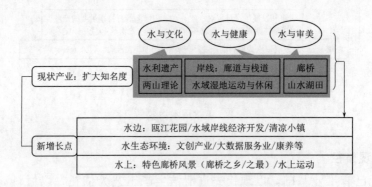

图 7-3　第三产业用水增效的路径

### （二）实现路径

一是立足河道、湖泊、水库岸线近城、穿城优势，沿水域岸线，建设与水文化融合、具有区域特色的水工程廊道，发展水岸线经济（如地产、水库沙滩、游憩广场等），全方位打造水与文化、水与健康和水与美景的特色，形成沿水域岸线的经济带（借鉴外滩的经验），推动临水产业的发展；充分利用人的亲水天性，发展"水休

闲"产业,形成滨水经济的增长点。创造出有特色的水上廊桥景观,如天津海河两岸独具风格的独具特色的桥文化。

二是以区域内的水库、湿地、江河为基础,发展水上运动(龙舟比赛、漂流等)与休闲运动,利用水面开展水上垂钓、游船、戏水等水上娱乐项目,发展出一系列的水中运动,如龙舟比赛、竹筏、漂流等休闲运动,构建出滨水游乐场,开展水上皮划艇、摩托艇、滑水等娱乐性水上项目,利用广阔的水域,打造出集娱乐、观光、游览、休闲于一体的滨水旅游休闲场所,形成水上经济增长点。

三是优美的水生态环境对发展文化创意、怡情、养生等具有显著优势,因此,可以在文创、大数据服务等战略性新兴服务业中,打造"花园式"的服务中心和"花园式"的创业园区,美化创业环境与氛围,激发创新灵感,如东莞水乡建设开发模式;还可以培育并推动一些新兴的服务业,如康养、高端医疗、休闲旅游服务等。

### 三、发展具有"水域+水质+"标识的种养农业模式,发展山水田园休闲农业

#### (一)主要思路

水利是农村的命脉,但长期以来农田水利的主要作用是灌溉。开发新型农业水资源利用模式,就要走生态化、品牌化和综合化的道路。包括拓宽种植空间、引进高效品种、实施农业科技推广和节水灌溉设施建设等措施,增强农业生产的效益。此外,还可以利用清洁水种植、生态环境质量好等自然条件优势,发展农业旅游业,将特色农业产业作为基础,打造农业产品洁水种植和清水养殖的区域特色,形成"水域+水质+"标识的种植、养殖产品,不断扩大产品的影响力范围。这一思路的发展模式如图7-4所示。

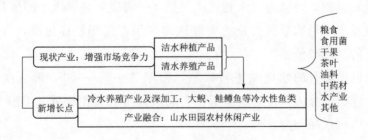

图7-4 农业用水增效的路径

#### (二)实现路径

一是充分利用清洁水源的种植条件,以及适宜于特殊水生动植物的养殖与繁殖等优势,发展高效农业,打造洁水生产的农产品,如茶叶、稻米、食用菌、水干果等,推进产品标准化生产、集约化、品牌化经营,如采用"区域品牌(水域+水质)+单

个产品商标"等组合品牌推广策略，提高农产品的美誉度，扩大市场规模。

二是利用各种可利用的水域或潜在开发水域，发展高附加值水产业，如大鲵、石斑鱼（溪水鱼）、茭白等水生动物和植物产品。

三是大力发展涉水农村生态旅游业，注重与传统农牧渔业相结合，引入参与式、感知式、休闲式、娱乐式等要素，充分利用农田特有的水田、油菜花、麦田、梯田等景观优势，发展以农家乐、田园休憩、水上乐游、徒步和垂钓等为主要功能的山水田园农村休闲产业，打造集吃、休、乐、养于一体的乡村山水田园休闲综合体。

### 四、发展现代水利，注重产业融合，谋划水权交易

#### （一）主要思路

充足和优质的水资源，在当下是一种稀缺资源。可依托水资源和水生态环境优势，积极打造现代水利样板。这就要求，水利工程建设应注重与其他产业的融合和结合。一是水资源开发利用要与产业的绿色高效发展相结合，二是工程建设要与景观、美化、历史、传承等方面相融合，水电建设要与生态保护、景观建设相融合；三是要与周边的水资源进行比较，积极谋划水权交易，使水利建设更好地支撑和保障经济发展。这一思路的发展模式如图7-5所示。

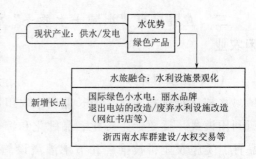

图7-5 现代水利产业增效的路径

#### （二）实现路径

一是以水为脉络，在实施水库工程、河道治理、滨水绿道、引调水、水生态保护和修复和建设等过程，要营造"水利遗产"景观、河渠景观、人工湿地景观。

二是积极发挥水利风景区的旅游集散地的作用。按照上述思路，打造特色水域，开发水利设施的"新型价值"。

三是对已退出运行的水电站进行改造，按照"一站一策"，形成咖啡馆、茶馆、书吧、酒店、博物馆等为一体的新场所，实现水利与水文化旅游、美丽乡村经营的有机结合，助推乡村水利旅游发展。

四是发挥水资源优势，积极谋划开展水权交易的可行性和可操作性，增强区域水资源的保障能力的工程建设。

## 第四节　流域水生态治理市场化模式

我国的生态环境治理一直以政府投资治理为主，这是由于生态治理所提供的是一

种公共产品。在这样的制度安排下，政府持续对流域水生态环境治理投入，由于治理主体单一、维护和保护等责权利不明等问题，治理效果往往难以巩固，甚至出现"边治理边恶化"的现象，导致生态环境治理的投资效益和效率不高。目前国家在推进市场主体进入生态治理提出了诸多鼓励政策，通过特许经营等方式，明确了生态治理中涉及的产权问题，从而厘清各方权责边界，明确投资和维护主体，有利于建立一种以市场为主体的生态治理模式。然而，如果缺乏有效的运作机制，无法将生态效益、经济效益和社会效益统一起来，就难以建立激发出市场主体的参与积极性的回报机制。而实现流域水生态治理市场化，在传统治理模式路径依赖下，仍需不断尝试和探索。

## 一、水生态治理的市场化模式的可行性

### （一）水生态治理建设市场化模式的作用

创新流域综合治理市场化运作模式，发挥政府在流域生态治理中的调控和引导作用，运用市场化思维，挖掘流域生态治理相关项目的运营收益，这不仅有利于利用市场力量，提高水利公共产品供给效率和质量，还有利于更高效地完成政府规划实施的流域生态治理工作，并更好地保障流域生态治理项目的可持续运营。

由于流域生态治理具有跨区域的特性，以及治理中水、农、林、渔、牧等领域之间的复杂关联，治理过程涉及多个政府部门的审批，各级、地方、不同行业的政府部门对其进行管理。虽然各地区行政机关之间有正常的沟通与协调程序，但是这样的程序受分而治之程序的影响较大，尤其在上下游存在利益冲突或各行业部门之间的职责分工问题下，项目推进的协调难度极大。而由一个公司总体统筹实施，更加科学有序，能够使上下游项目有序推进，水里岸上项目更加匹配。在制定实施计划后，由项目公司去向政府部门申请、报批，可以有效地解决项目跨区域的问题。

### （二）通过市场化机制拓宽流域生态治理中的多元化市场主体范围

在流域综合治理领域中，通过市场化的机制，能够有效推进政府职能的转变，实现流域资源的所有权、治理权、运营维护等方面的分离，解决政府在流域水生态治理过程中"既是裁判员，又是运动员"，从而在流域生态治理的市场化进程中，重构政府的定位。如可通过 PPP 模式增加流域治理市场参与主体的多元化程度。通过建立流域生态治理市场，鼓励、支持、引导和吸纳各类企业、私营部门、第三方组织以及一般公众等参与到流域生态治理中来，在其中发挥各自的作用。

### （三）对项目的开发价值进行合理审慎的评估

在确定采用市场化机制对流域水生态系统治理之前，摸清当地可开发的土地、旅游、康养、农、林、渔等资源，并且要谨慎地预测开发可能带来的资源价值的提升。当资源价值充分的情况时，可进行市场化运作，即政府和社会资本共同进行公司化运

作。如果资源价值不足以支撑流域水生态系统治理，要对可能形成的政府负担有一个比较明确的判断，避免在开发过程中，投资越大，潜在的政府负担就越大，从而产生大量的政府或有债务，违背了市场化的初衷。

市场化、公司化运作必然需要政府提供一定的政策和资源的支持，否则就无法有效地吸引社会投资，不能形成流域生态治理提升资源价值、资源价值支撑流域生态治理的良性循环。因此，政府应制定明晰的社会投资政策，以保持区域内各类投资的吸引力与整体经济活力，维持流域生态治理领域适当的竞争性。

## 二、水生态治理的市场化模式的难点

### （一）难以脱离对财政的依赖

流域生态治理类项目因为资金需求较大、公益性较强，因此，即使采用市场化模式，也离不开政府财政的支持。如果社会资本在经营过程中，因为其自身经验、能力或管理等问题，不能对流域内多种产业的经营开发进行整体掌控；或者经营开发模式、规模不合适，导致亏损；或者不能对流域生态治理项目形成资金支持和收益补足，那么肯定会转向政府补助或收购。摆脱对政府财政的依赖，创新投融资模式，解决治理工程资金需求是流域市场化治理的关键。

### （二）对规划统筹要求高

流域生态治理项目结构复杂，涉及地表水系统、地下水系统、森林系统、生物多样性系统等多个系统的规划和统筹，对不同系统的管理，分散在水利、自然资源、生态环境等不同部门，这就造成了山、水、林、田、湖、草等各个系统实现协同一致的问题。流域生态治理模式的市场化运作，可以将流域生态治理项目及其周边衍生或配套项目打包捆绑，进行整体招商和运作，这对社会资本在项目策划、规划、融资、建设和运营的能力等方面，提出了较高的要求。

此外，由于流域生态治理项目具有跨区域的特性，其跨越了不同的行政区划，尤其是生态治理的外部性特征明显，导致了管理主体在事权、财权等方面存在着不明确、边界模糊的问题。以市场为导向的流域治理方式，将涉及多部门、多行业，以及不同行政区域、不同群体之间的利益进行协调，这就要求流域综合整治规划统筹具有很高的专业性、综合性和实用性。

### （三）产业开发难度大，资源整合要求高

从理论上来看，以市场为导向的流域治理方式具有多方面的优势。但是，在实际操作过程中，组建一家公司来实施各类项目、开发各类型产业的难度也比较大。尤其是，如果没有建立起足够的执行能力，或者没有吸引整合行业领先资源、合作伙伴，很难进入该流域范围开展业务。这就会导致对资源开发深度不够，不能充分体现资源价值，最终导致项目的失败。

### （四）流域生态治理涉及目标多，绩效指标复杂

流域生态治理最终强调的是治理效果，在实际应用中，如何设定绩效指标是难点之一。目前，真正按环境治理效果付费的较少，政府的付费能力存在不确定性，这实际上也不利于治理效果的长久保持，更不利于提高政府投资效率和缓解政府财政压力；而由于关键绩效指标衡量存在治理没有收费与定价连在一起，以及政府支付能力不确定等因素，制约了市场主体的积极性，也制约了市场化模式的推广。

### （五）实现投融资资金平衡难

项目投融资实现资金平衡，是实施市场化模式的基本要求和前提条件。流域生态治理是一项长期艰巨的公益性事业，传统的基于具体工程项目的投融资方案实现资金平衡难度大，也极大地制约了社会资本参与流域生态治理工程的积极性，最终难以达成治理目标。如何从全流域的角度出发，摒弃传统的基于具体工程项目的投融资方式，在更大的空间和更长的时间尺度上，实现流域生态治理的市场化，是亟待解决的重要问题。

## 三、水生态综合治理市场化模式的思路与案例

### （一）主要思路

流域生态治理的关联性产业投资收益能力，关键问题在于优质产业资源的挖掘。因此，资源盘整时就要打破地域限制的条件，挖掘出沿河道、跨地域的项目资源，这类项目与河流生态环境有着密切的联系，如能注入文旅、运动休闲等元素，就有了开发的价值和盈利的潜力。这样，通过引入更多市场化资源，可使原本单独运作、缺乏盈利能力的治理工程项目，采用业态整合，形成效益的放大效应。总之，流域生态治理需要以市场为导向，以跨区域、跨行业、跨主体为主体的经营理念，抓住优质项目资源，提高社会资本盈利能力，提升项目质量，实现流域水生态综合治理的本位目标。

### （二）永定河流域生态治理模式——ABO 模式

1. 基本情况

永定河是贯穿京津冀晋蒙的重要水源涵养区、生态屏障和生态廊道，也是京津冀协同发展的生态大动脉。自 20 世纪 60 年代以来，永定河流域生态系统退化、水资源过度开发、河道干涸断流、水质污染等问题突出。为推动京津冀协同发展在生态领域率先实现突破，2016 年 12 月，国家发展改革委、水利部、国家林草局联合印发《永定河综合治理与生态修复总体方案》。2018 年 6 月，由京津冀晋四省人民政府与中国交通建设集团共同出资成立了"永定河流域投资有限公司"，以"投资主体一体化＋流域生态治理一体化"的模式启动了对永定河流域的新一轮治理，旨在逐步实现"流动的河，绿色的河，洁净的河，安全的河"的目标，努力为我国流域生态治理提供

"永定河样本"。

2. 投融资机制

为拓宽投融资渠道，保障重点项目建设资金需求，永定河流域综合治理与修复工程建立了市场化的投融资机制。在统筹加大各级政府财政投入的同时，创新投融资机制，鼓励和引导社会资本以多种形式参与；通过加大金融支持，引导政策性银行和开发性金融机构加大信贷投入力度，扩大直接融资规模，充分发挥各类专项建设基金作用。永定河流域投资有限公司按照职责定位，统筹管理国家和沿线各省（直辖市）政府用于永定河综合治理与生态修复的财政性资金，同时构建切实可行的商业模式和融资模式，以市场为导向，对河流沿线资产和资源的综合利用及开发，创新融资模式，来解决资金缺口问题。

根据国家有关流域生态治理投资政策，按照总体方案确定的项目类型、性质，中央对永定河流域综合整治与生态修复项目的资金补助比例为10％～30％，余下的资金则由流域投资公司按市场运作方式筹集。针对永定河生态治理工程项目特点，按照"一地一策"的原则，工程投资与可利用资产资源项目开发收益综合平衡的投融资模式，以拓宽市场融资渠道。流域投资公司作为永定河流域综合治理与生态修复项目实施主体，承担项目的投资、融资、建设和还本付息。项目资本金来源为中央投资补助资金和流域投资公司的注册资本金，其余资金通过市场化方式进行融资，流域沿线可综合利用的资产资源项目开发作为收益来源，具体包括：一是依托于土地资源的健康养老、文化旅游、休闲体育等产业项目的开发，开发收益反哺到永定河综合治理和生态修复工程中；二是以政企合作或以政府购买服务方式，使用合同项下的政府付费平衡融资成本；三是对存量低效的水务资产联合调度、综合经营，经营收益反哺到治理工程；四是建立生态补偿机制，用水地区补偿节水、供水地区。对沿线资产资源进行综合利用和开发，通过运营项目收益反哺河道治理建设投资，最终实现全流域可持续协同发展。

3. 综合治理模式

永定河流域投资公司是永定河流域综合治理与生态修复的主体，主要负责永定河综合治理与生态修复项目全面实施和投融资工作，对国家及沿河各地方政府拨付给永定河的资金进行统筹管理，对流域内的相关工程及资产进行统一管理和运营。

流域公司的构建是以政府为主导、企业为主体、市场为手段的"投、建、管、运"一体化新模式。这一模式按照市场化运作的原则，创新投融资模式，统筹集中利用中央及沿线省（直辖市）政府对永定河流域生态治理的财政资金，并通过银企合作和产业开发解决剩余资金需求。沿线各省（直辖市）政府为公司匹配优质资源，嫁接优质社会资本，提升资源资产价值，实现全流域全生命周期尺度下的流域生态治理投融资平衡，形成以投资整合带动流域生态治理的新机制。

4. 主要特点

永定河流域投资公司模式通过政府与市场有机结合、两手发力，致力于解决流域综合治理普遍存在的跨区域协作难、技术单一、资本不可持续、运营管理弱等问题。以流域为单元，通过引入战略投资者，组建流域投资公司，创新体制机制，构建利益相关方交易结构，实现投资价值的最大化。项目公司按要求构建空间开发与资源环境承载能力相匹配的格局，并提供优质的生态产品，从而促进流域可持续发展。

**（三）蓟运河流域以生态为导向的 EOD 治理模式**

EOD 是英文 Ecology-Oriented Development 的缩写，是指以生态为导向的发展模式。在我国的 EOD 模式是以生态文明建设为引领，特色产业运营为支撑，以区域综合开发为基础，以可持续发展为目标的新型发展模式。

2018 年 9 月，生态环境部印发《关于生态环境领域进一步深化"放管服"改革，推动经济高质量发展的指导意见》（以下简称《意见》）中，首次提出了"EOD"模式，也就是将生态环境治理与生态旅游、城镇开发等产业融合发展，在不同领域打造标杆示范项目；在创建生态文明示范区、山水林田湖草生态保护修复工程试点等方面，支持生态环境治理模式和机制创新。在生态文明建设示范区创建、山水林田湖草生态保护修复工程试点中，对生态环境治理模式与机制创新的地区予以支持。《意见》提出，要强化建设与运营统筹，推进与以生态环境质量改善为核心相适应的工程项目模式，开展按效付费的生态环境绩效合同服务，全面提升生态环境质量。

1. 基本情况

蓟运河（蓟州段）全域水系治理、生态修复、环境提升及产业综合开发 EOD 项目，是基于流域生态环境治理的综合开发项目，工程主要内容包括：水资源配置，饮用水源地保护，蓄滞洪区综合整治，水污染防治，河库水系综合整治与生态修复，山区水土流失防治，流域智慧化管理，以及全域规划提升和产业策划，为流域生态治理后的区域产业综合开发奠定基础。

2. 主要内容

蓟运河（蓟州段）全域水系治理、生态修复、环境提升及产业综合开发 EOD 项目，是我国首次将 EOD 模式应用到整个流域生态环境治理中的项目。在茅洲河流域生态治理中，从生态环境与城市建设等方面综合考虑经济发展问题，将生态导向贯穿于规划、建设和运营的全过程。通过运用 EOD 模式实施蓟运河（蓟州段）全流域的水系治理、生态修复、环境提升等工程，全面改善蓟运河（蓟州段）全流域的生态环境，提高生态环境承载力，同时结合规划提升与产业策划，导入符合当地发展需要的产业，把生态环境资源转化为发展资源，将生态优势转化为经济优势，促进蓟州地区经济结构调整和产业结构升级、实现高质量发展打下良好的基础。

3. 主要特点

该模式是以"绿水青山就是金山银山"理念为指导，积极践行"生态优先，绿色发展"理念，探索生态价值转化路径。积极创新商业模式，解决了区域发展过程中环境治理与资金需求之间的矛盾，发挥政府与企业各自的优势，推动资源与资本的融合，实现了企业投资环境改善，环境改善提升资源价值，资源溢价反哺环境建设的良性循环，打通了资源变资产、资产变资本的生态价值转化之路，进一步优化了流域综合治理项目的商业模式，实现了流域生态治理投资的全过程闭合。EOD 模式把生态建设融入到生态规划、生态修复、城市布局、产业运营等各个方面，寻求生态建设与社会进步、经济发展之间的平衡点，有利于城市功能与生态环境的有机融合和渗透，将环境资源转化为发展资源，将生态优势转化为经济优势，走出一条科技含量高、资源消耗低、环境污染少的新路。

**（四）湘江流域生态环境综合治理——BOT 模式**

1. 基本情况

湘江是长江中游的重要支流之一，是洞庭湖水系中流域面积最大、产水量最多的河流。湘江干流在湖南省全长 670km，沿途接纳大小支流 2157 条，流域面积占全省的 40.3%。湘江流域自然资源丰富，是湖南省最发达的区域，其水生态环境建设和保护任务重大。

2. 投融资机制

湘江流域生态治理项目，采用的是特别经营模式（BOT）。社会资本为北京首创股份有限公司。依据国家有关规定和《湖南省市政公用事业特许经营条例》规定，通过授予特许经营权，首创集团以 BOT 方式在湖南全省投资建设城市污水处理厂。项目建设完成后，首创集团将收取污水处理费，并在运营 30 年后交付湖南省使用。此次合作中，投资公司以"统一规划、整体投资、分布建设、流域管理"为运作模式，在湘江全流域内逐步建立统一监控和应急预案响应体系，确保湖南省城镇未来 3 年污水处理工程项目（"三年覆盖计划"）的顺利完成。按照协议，首创股份首先启动湘江流域的污水处理设施建设，建立湘江流域上下游水环境管理体制，包括建立跨行政区交界断面水质达标管理、水环境安全保障和预警机制，以及跨行政区污染事故应急协调处理机制。

3. 主要特点

在湘江流域生态环境综合治理的市场化投融资机制中，围绕生态环境保护探索新的体制机制，积极引导社会多元投入。一是建立生态受益地区对生态受损地区的生态环境补偿机制，建立生态恢复专项，设立资源环境产权交易所，强化市场机制的作用。对所征收的资源与环境补偿费用，专款专用，真正用于生态环境建设与修复。二是明确治理资金的来源渠道。对于工业企业污水治理，其环境治理由企业投资解决；

对于环境公益性污染治理、生态建设项目，由各级政府作为公共财政投入，并纳入同级财政预算。三是以推进湘江流域的污水处理、垃圾处理产业市场化为突破口，加快环保投融资体制改革，积极引进国外政府贷款、国际金融组织和社会资本投入环境保护事业。四是完善环保投入的市场机制，制定有利于环保的经济政策、收费政策，多渠道筹措环保资金，形成政府主导，市场推动，多元化投入的格局。

**（五）抚河流域生态保护及综合治理——PPP模式**

1. 基本情况

抚河流域位于江西省东南部，是鄱阳湖水系的五大河流之一，也是江西省第二大河流。抚河流域生态保护及综合治理工程，定位于"以水定城、生态融城、产业兴城、文化铸城、科学立城"。项目实施内容多，包括生态保护与修复，防洪疏浚，水资源保护，水资源利用配置，重点文化旅游项目，以及产业结构调整等，总投资约290亿元。

2. 投融资模式

抚河流域生态保护及综合治理工程PPP项目，是江西省唯一的部省共建生态治理工程，也是规模最大的生态治理工程，通过对全流域水安全、水生态、水产业、水文化等系统治理，探索"山水林田湖"系统共治的新模式。项目的社会资本为江西省水利投资集团，PPP模式的合作内容涵盖8个方面，即防洪减灾、航道恢复、生态修复、产业转型、文化保护、旅游开发、城市景观、智慧管理等。项目公司由社会资本方和抚州市投资发展（集团）有限公司（市政府出资代表）组建而成，负责项目的投资、融资、设计、建设、运营和维护，项目公司享有特许经营权，并根据合同获得服务费。项目采用BOT模式运作（若某些项目已由政府方建设完成，则该子项目运作模式考虑采用TOT方式）。

3. 主要特点

抚河流域通过采用PPP模式，将山、水、林、田、湖作为生态综合体进行综合治理，形成基于"河长制"框架下的流域生态综合治理体系，带动文化旅游、健康养老、绿色工业和现代农业等产业发展，努力探索将生态优势向经济发展、富民优势转变的途径。其特点如下：

一是以水定城。按照水功能要求，抚河流域分为上、中、下三段，分别打造以水源涵养为主的生态治理区、以休闲度假旅游为主的生态廊道、以港航工程和带动物流为主的"抚昌一体"经济区。

二是生态建城。根据区域生态环境现状和存在问题，治理规划体系包括流域污染治理、水土保持综合治理、生态保护和修复、监测平台建设四个分项规划，以支撑城市的总体规划。

三是产业兴城。遵循绿色发展理念，立足自身资源禀赋，保护现有良好生态环境，把资源优势转化为产业优势。通过疏浚等手段，恢复昔日的"黄金水道"，从水路上实现"昌抚一体化"，沿河布局一大批文化、旅游、绿色产业项目，带动福州产业升级。

四是科学立城。利用新一代的信息技术，如空间 GIS，云计算，大数据挖掘，虚拟现实等，实现抚河流域的数字化、智能化管理。

## 四、主要风险

### （一）制度不完善，能力还不足

将流域综合治理项目和相关产业项目进行整合包装，实现"肥瘦搭配"，用产业项目收益来分摊流域生态治理成本，这一思路在实践中面临较大的挑战：一种做法是在项目层面上进行整合，将生态治理与实业经营"打包"，能否成功取决于投资者项目策划的水平和运作能力。流域整体开发型的 EOD 模式，对资金运营、流域产业发展布局、市场前景判断等方面要求很高，对于还不能充分适应这种开发模式的社会资本，采用此模式存在很大的风险。

近年来，为了打通流域生态治理项目的财务平衡缺口和经济效应盈余之间的鸿沟，解决流域生态治理资金平衡的难题，国家提出了建立流域生态补偿机制的要求，也就是由流域生态治理正外部性的直接或间接受益者，对贡献者进行补偿，以从流域生态治理生态优化效应受益的地区获得的收益中提取基金或者特殊规费的形式，对流域生态治理项目进行补偿，客观上实现了成本分担的效果。但是，这样的运作方式需要在当地进行特殊的立法和制度安排，同时，受益地区的界定、计提资金的监督执行以及资金的流转管理等方面，也面临着巨大的挑战。

### （二）流域生态治理费用的分担途径还没形成

在实践中，为打通流域生态治理项目财务平衡缺口和经济效应盈余的鸿沟，解决流域生态治理资金平衡难题，通常会采用流域生态补偿机制，即由流域生态治理正外部性的直接或间接受益者，向其贡献者进行补偿，通过从受益于流域生态治理的区域收益中，计提基金或特殊规费的形式，对流域生态治理项目进行补偿，客观上实现了成本分担的效果。但是，这样的运作方式需要在当地进行特殊的立法和制度安排，同时，受益地区的界定、计提资金的监督执行以及资金的流转管理等方面，也同样面临较大的挑战。

### （三）产业开发项目收益有可能迟滞和效果不及预期

即使投资者可以突破传统的思维，参与到流域生态治理中来，如农业、林业、文旅、水务等领域，通过后者的投资收益来平衡治理项目的投入。但是，这类资源开发项目往往具有投资回收期长、运营专业化程度高的特点，可能难以在短期内及时满足流域综合治理项目的偿债需求；而从长期来看，产业开发的市场的风险也是存在的，会导致相关收益不及预期，从而影响流域生态治理。

**（四）生态治理市场化模式任重道远**

流域生态治理实践中，各级政府起主导作用，是生态治理的核心行动者。总体上看，政府仍然是主导的"市场化"治理，以企业为核心的生态治理市场机制和法治基础还没有形成，生态治理的成效在相当大的程度仍然取决于生态治理各主体间合作关系是否守约和稳定。

# 第八章

# 结　论

　　农村水利基础设施公益性强，但社会效益、生态效益等方面的效益是显著的。在财政资金难以满足建设需求的情况下，通过引入社会资本参与农村水利基础设施建设，一方面，通过拉长支付期限，可以平滑财政支出，缓解政府在短期内对农村水利基础设施的投资压力，加快补齐农村水利基础设施的短板。另一方面，在市场竞争机制下引入社会资本，可以实现农村资源的优化配置，充分发挥社会资本的专业分工优势，利用其先进的建设技术和管理经验，提高农村水利基础设施的效益。从实践情况看，经过多年的发展，已经有了大量的社会资本参与到农村水利基础设施建设中来，市场主体也逐步成长，农村水利基础设施市场化机制已被社会和决策者逐渐接受，并在此过程中不断发展，为农村水利基础设施 PPP 模式的规范化发展提供了有力的基础。

## 一、采取有效措施推进农村水利基础设施 PPP 模式的发展

　　一是加大政府对农村水利基础设施 PPP 模式的投资的政策引导。作为农村社会经济发展的重要基础设施和公共服务产业，建设和发展符合现代化农村发展需求和城乡均等化标准的农村水利基础设施，需要大量的资金投入，尤其是在那些欠发达、建设任务繁重的地区，这种情况尤其严重。依靠地方财政以及传统融资模式，难度很大。即使采用 PPP 模式，仅靠收水费等现金收入的盈利空间也很有限。考虑到资金使用成本问题，地方补贴也会不少。因此，要加大 PPP 项目政府投资引导的力度，不仅可以优化项目融资结构，还可以降低政府支付压力，增强项目的可持续性。

　　二是强化价格调整和补偿机制。水价涉及因素复杂、敏感度高，需要考虑到社会资本的合理回报、用户的承受能力、社会公众的利益以及社会的稳定，因此水价的调整往往需要很长的时间，政府对水价的调整非常谨慎。在这种情况下，价格调整不到位时，或者难以实现协商定价，地方政府可根据实际情况对运营单位进行合理补偿。

　　三是明确金融优惠和支持政策。目前，农村水利基础设施领域有一些优惠政策，但是强度还不大，可以进一步加大 PPP 项目的引导和扶持力度，进一步明确农村水利基础设施 PPP 模式可享受到的 PPP 税收、贷款、以奖代补等优惠政策，明确和落

实对 PPP 项目中对工程维修养护经费的补贴，充分发挥和利用政策性银行、中国 PPP 基金的引导带动作用，积极支持农村水利基础设施 PPP 项目，降低融资难度和资金使用成本，为社会资本参与水利建设提供便捷与绿色融资通道。

## 二、健全农村水利基础设施 PPP 模式管理机制

一是强化项目甄别，加强适用性判断。我国幅员辽阔，不同地区在自然气候条件、经济发展水平、政府管理能力等方面都有很大的不同，再加上近年来农村水利基础设施建设和管理的改革，导致各地农村水利基础设施的规模和产权都不一样，所以不是所有的农村水利基础设施项目都适合采用 PPP 模式，要加强实用性判断。在实际应用过程中，要以农村水利基础设施的特点和管理情况为依据，选择合适的项目和适用的模式，如投资规模适宜、产权易于明晰的项目，具体操作可以采用新建项目和已有项目的组合等方式，积极吸引社会资本的参与，充分发挥这种模式的优势。

二是注重项目的回报机制。对于农村水利基础设施 PPP 项目，尤其要注重项目的投资、收益、回报、政府支持等项目边界条件的设定，方案的回报机制要具有吸引力，风险分配要合理，政府方要敢于承担风险，只有这样，才能获得社会资本的广泛而充分的响应，才能使竞争优势机制发挥出来。

三是健全退出机制。PPP 项目合作周期长，健全 PPP 项目合作双方退出机制十分重要。理论上，PPP 项目退出机制涉及因素较多，退出过程中各方承担的责权界定较为复杂。就社会资本退出而言，既要坚持"能进能出"的原则，明确社会资本退出的方式和操作方法，也要妥善做好项目移交接管，确保农村水利基础设施项目的顺利进行及持续运行。

## 三、尽早让社会资本介入，加强和加快项目咨询和推进

一是社会资本要尽早参与到项目规划中来。以水利 PPP 项目范围为基础，加强项目识别和判断，积极与地方就 PPP 项目签署战略合作框架协议，做好 PPP 项目的介入工作，协助地方政府有效开展并推进 PPP 项目工作，具体包括项目入库、项目产出说明、初步实施方案编制等准备工作，有选择地针对具体项目展开深入合作（图 8-1）。同时，积极做好项目经营的业务策划，结合当地财力、金融政策等情况，合理确定融资结构和融资方式。

二是要综合施策，选择适合项目建设模式。农村水利基础设施项目种类繁多，涉及面广，具体情况比较复杂，目前还没有一个统一的、可以直接照搬的方法。所以，需要因项目施策，对症下药，选择适宜的项目以及合适的模式来运作。当前国家为水利建设提供了诸多财政和金融优惠政策，使农村水利基础设施的融资能够多渠道进行，对项目要有针对性的分析。如对于河道类水生态综合治理项目，可采用融资成本

低的政策性专项贷款，可有效减轻政府支付规模；对于有一定收益且项目可以自我平衡的项目，可通过发行专项债券的方式，加快项目的进展速度；对于需要进行专业运营管理的项目，可以通过 PPP 模式，引入专业的团队，发挥"引资、引智"的作用，利用社会资本的实力，实现合作双方的共赢。

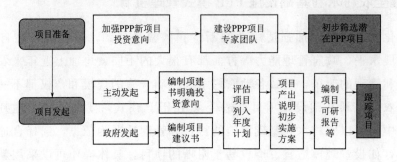

图 8-1　社会资本参与 PPP 项目前期工作框架

### 四、加强政社之间的沟通和理解，增进相互信任和协同合作

政府和社会资本通过平等协商达成合作关系，是 PPP 项目成功实施的必要前提，任何一方忽视另一方权益的做法，都会极大地削弱协同效应。同时，PPP 项目合作期长，不确定性因素较多，只有建立信任关系，才能进行有效协作和合作，保障项目的顺利进行。由于农村水利基础设施的 PPP 项目，往往是由政府发起的，政府要意识到，社会资本参与基础设施建设和公共服务的目的只有两个：一个是提高企业市场竞争能力。社会资本通过参与 PPP 项目，扩大行业市场份额，并通过技术、管理等创新，降低成本，提高市场竞争力；另一个是获得预期的投资收益。所以，在进行 PPP 项目的操作时，既要站在投资者的角度去考虑，比如要明确投资者的合理回报水平，也要站在政府方的角度去考虑，比如明确管理的标准、对价支付的方式以及防范项目风险等。

总体来看，当前农村水利基础设施 PPP 模式仍然存在着许多深层次的问题，如治理设施产权、回报率不高等。要想科学地推进农村水利基础设施 PPP 模式的发展，无论是在理论上还是在实践中，都需要不断地进行创新和完善。这就需要在现实的基础上，坚持以问题为导向，边实践边研究边总结边创新，强化理论的引领作用，为农村水利基础设施 PPP 模式的科学、长效发展提供有力的政策支持和依据，以提高我国 PPP 模式的有效性和实用性。

### 五、吸引农村居民参与

农民虽然是根本性、基础性的改革推动力，享受基础设施和公共服务均等化的红利。正如其他领域一样，在特定的政策制定和实施过程中，农民通常是缺席者，并没有真切实在地参与政策决定的过程，在解决农村水利基础设施问题上也是如此。考察具体的农村水利基础设施 PPP 模式实施过程，农村居民同样也在一定程度上是缺席者，尽管出发点是为农村居民服务。在政策和方案制定的政治性程序中，农民从来没有独立的位置，也无法自己表达政策立场，他们对于政策过程的影响以及方案的需求，都不是直接实现，而是通过政治和资本的力量来实现。对于所提供的农村水利基础设施，本质上，农村居民最有发言权。

# 参 考 文 献

［1］ Havard Halland, John J. Beardsworth. Jr. , Bryan C. Land, et al. 资源融资的基础设施：关于一种新的基础设施融资模式的探讨 ［M］. 北京：中国财政经济出版社，2015.

［2］ 阿纳斯塔西娅·内斯维索娃，罗内·帕兰. 金融创新的真相 ［M］. 北京：中信出版集团，2021.

［3］ 奥利弗·加斯曼，卡洛琳·弗兰肯伯格，米凯拉·奇克. 商业模式创新设计大全：90％的成功企业都在用的 55 种商业模式 ［M］. 北京：中国人民大学出版社，2017.

［4］ 芭芭拉·韦伯，汉斯·威廉·阿尔芬. 基础设施投资策略、项目融资与 PPP ［M］. 北京：机械工业出版社，2016.

［5］ 彼得·德鲁克，约瑟夫 A. 马恰列洛. 德鲁克经典管理案例解析 ［M］. 北京：机械工业出版社，2009.

［6］ 财政部政府和社会资本合作中心，E20 环境平台. PPP 示范项目案例选编（第二辑）：水务行业 ［M］. 北京：经济科学出版社，2017.

［7］ 财政部政府和社会资本合作中心. PPP 模式融资问题研究 ［M］. 北京：经济科学出版社，2017.

［8］ 曹珊. PPP 运作重点难点与典型案例解读 ［M］. 北京：法律出版社，2018.

［9］ 常亮，刘凤朝，杨春薇. 基于市场机制的流域管理 PPP 模式项目契约研究 ［J］. 管理评论，2017，29（3）：197－206.

［10］ 陈华堂，张羽翔. 农田水利设施产权制度改革和创新运行管护机制试点研究 ［J］. 中国水利，2019（9）：33－36.

［11］ 大卫·格雷伯. 债：5000 年债务史 ［M］. 北京：中信出版社，2021.

［12］ 丁仁军. 基于政策执行视角的中国 PPP 政策演变分析 ［J］. 公路，2020，65（5）：249－252.

［13］ 董家友. 环保产业 PPP：理论与项目操作实务 ［M］. 北京：法律出版社，2017.

［14］ 冯俊锋. 乡村振兴与中国乡村治理 ［M］. 成都：西南财经大学出版社，2017.

［15］ 冯若凡. 浅析我国农村基础设施治理 PPP 模式存在的问题 ［J］. 山西农经，2017（15）：47.

［16］ 傅张俊，何沪彬. 丽水市"河权改革"探索 ［J］. 水资源开发与管理，2019（4）：67－69，66.

［17］ 国家发展改革委，建设部. 建设项目经济评价方法与参数 ［M］. 北京：中国计划出版社，2006.

［18］ 韩美贵，蔡向阳，徐秀英，等. 不同类型农村基础设施建设的 PPP 模式选择研究 ［J］. 工程管理学报，2016，30（4）：90－94.

［19］ 何春丽. PPP 示范案例的机理分析与法律适用 ［M］. 北京：法律出版社，2016.

［20］ 何军，逯元堂，韩斌，等. 中国生态环境 PPP 发展报告（2018）［M］. 北京：中国环境出版集团，2019.

［21］ 胡恒松，韩瑞姣，彭红娟，等. 隐性债务视角下的城投转型——中国地方政府投融资平台转型发展研究 2019 ［M］. 北京：经济管理出版社，2019.

［22］ 胡恒松，黄伟平，李毅，等. 地方政府投融资平台转型发展研究（2017）［M］. 北京：经济管理出版社，2017.

［23］ 胡恒松. 中国地方政府投融资平台转型发展研究 2022——多元化融资格局视角下的城投转型 ［M］. 北京：经济管理出版社，2023.

［24］ 杰弗里·希尔. 生态价值链：在自然与市场中建构［M］. 北京：中信出版社，2016.

［25］ 巨飞雷. 大禹节水集团 全国首个社会资本投资农田水利建设试点项目取得实效［N］. 中国水利报/2015 年//12 月/23 日/第 004 版.

［26］ 拉本德拉·贾. 现代公共经济学［M］. 2 版. 北京：清华大学出版社，2017.

［27］ 雷尚. 水利项目 PPP 模式风险管理探究［J］. 黑龙江水利科技，2021，49（7）：241-243.

［28］ 李平，曹仰锋. 案例研究方法·理论与范例——凯瑟琳·艾森哈特论文集［M］. 北京：北京大学出版社，2012.

［29］ 李香云，白丽群. 重庆市丰都县水利投融资现状调研与建议［J］. 水利发展研究，2023，23（3）：44-47.

［30］ 李香云，刘小勇. 重庆市观景口水库 PPP 项目分析与思考［J］. 水利发展研究，2017，17（5）：24-27.

［31］ 李香云，柳欣言，罗琳. 流域生态治理市场化模式研究——挑战、案例、难点和建议［J］. 水利发展研究，2021，21（12）：32-38.

［32］ 李香云，罗琳，王亚杰. 水利项目 PPP 模式实施现状、问题与对策建议［J］. 水利经济，2019，37（5）：27-30，34，78.

［33］ 李香云，庞靖鹏，樊霖，等. 拓展水利市场化投融资的框架与实现路径研究［J］. 中国水利，2022（3）：29-33.

［34］ 李香云，吴浓娣，罗琳，等. 社会力量参与农村河道管护的"以河护河"模式研究［J］. 中国农村水利水电，2020（3）：87-90.

［35］ 李香云. 2019 年我国 PPP 新政要点及对水利 PPP 模式发展的启示［J］. 水利发展研究，2020，20（3）：38-42，70.

［36］ 李香云. 2020 年我国 PPP 新政要点及对水利 PPP 模式发展的启示［J］. 水利发展研究，2021，21（3）：34-37.

［37］ 李香云. 城乡供水一体化发展战略模式探讨［J］. 水利发展研究，2019，19（12）：9-12.

［38］ 李香云. 农村供水工程采用 PPP 模式关键内容的设计要点［J］. 水利发展研究，2020，20（7）：15-21.

［39］ 李香云. 农田水利 PPP 模式调研及相关对策建议［J］. 水利发展研究，2019，19（1）：25-30.

［40］ 李香云. 农田水利采用 PPP 模式的实用性问题及对策建议［J］. 中国水利，2019（16）：56-59，55.

［41］ 李香云. 水利 PPP 项目投融资和财务方案编制问题探讨与建议［J］. 中国水利，2018（8）：56-59.

［42］ 李香云. 我国农村供水发展与 PPP 模式适用性及相关影响因素分析［J］. 水利发展研究，2020，20（1）：43-48.

［43］ 李香云. 我国农村供水工程采用 PPP 模式现状及建议［J］. 中国水利，2020（16）：55-59.

［44］ 李香云. 我国水利领域水生态综合治理工程 PPP 模式现状、问题和对策［J］. 水利发展研究，2021，21（6）：28-33.

［45］ 梁姝. 水利 PPP 项目合同争议的多元化解决机制研究［J］. 水利经济，2018，36（1）：64-68，91.

［46］ 林华. PPP 与资产证券化［M］. 北京：中信出版社，2016.

［47］ 刘保宏，毛茂乔. 城乡供水 PPP 是否是解决农村供水的主要模式［J］. 中国招标，2019（43）：6-8.

［48］ 刘成奎. 激励机制与农村基本公共服务供给研究［M］. 北京：中国社会科学出版社，2015.

［49］ 刘键. 政府投融资管理［M］. 北京：中国金融出版社，2022.

［50］ 刘银喜，任梅. 农村基础设施供给中的政府投资行为研究［M］. 北京：北京大学出版社，2015.

［51］ 罗伯特·K. 殷. 案例研究：设计与方法（原书第 5 版）［M］. 重庆：重庆大学出版社，2009.

［52］ 马海涛，杨剑敏. 中国 PPP 蓝皮书：中国 PPP 行业发展报告（2022）［M］. 北京：社会科学文献出版社，2023.

［53］ 马海玉，陈占涛. 流域治理投资模式市场化——永定河流域治理与生态修复案例研究［J］. 经营与管理，2018（11）：109－111.

［54］ 迈克尔·希特（Michael A. Hitt），R. 杜安·爱尔兰，罗伯特·霍斯基森，等. 战略管理·概念与案例［M］. 12 版. 北京：中国人民大学出版社，2017.

［55］ 尼尔·S 格里格. PPP 与基础设施融资［M］. 北京：机械工业出版社，2017.

［56］ 蒲坚，孙辉，车耳，等. PPP 的中国逻辑［M］. 北京：中信出版社，2016.

［57］ 蒲明书，罗学富，周勤. PPP 项目财务评价实践指南［M］. 北京：中信出版社，2016.

［58］ 孙洁. PPP 模式与固废处理［M］. 北京：经济日报出版社，2018.

［59］ 王爱国. 关于民间资本投入农村水利建设管理问题的研究报告［J］. 中国农村水利水电，2015，8：1－3.

［60］ 王东. 永定河流域治理 PPP 模式创新初探［J］. 建筑经济，2020，41（3）：76－81.

［61］ 王瑾. PPP 模式基础设施投资建设管理实践［M］. 北京：中国建筑工业出版社，2018.

［62］ 王守清，柯永建. 特许经营项目融资（PPP/BOT）资本结构选择［M］. 北京：清华大学出版社，2008.

［63］ 王阳，张朕. PPP 模式在农村水利基础设施建设中运用的可行性分析［J］. 中国农村水利水电，2016（6）：143－145.

［64］ 王以圣，田水娥，朱晓春. 水利水电建设项目经济评价及案例分析［M］. 北京：中国水利水电出版社，2015.

［65］ 温凤荣，王峻. 农村基础设施投资与融资［M］. 北京：中国建筑工业出版社，2010.

［66］ 胥斌，常庆指，徐学东. PPP 参与农村饮水安全工程运营管理的研究［J］. 建筑经济，2008（3）：57－59.

［67］ 徐全. 水利项目 PPP 模式实施现状、问题与对策建议［J］. 四川水利，2022，43（1）：126－128.

［68］ 杨超. 农村基础设施建设应用 PPP 模式的问题与对策研究［J］. 工程经济，2021，31（10）：18－21.

［69］ 杨杰，桂丽. 农村基础设施建设的 PPP 模式选择及保障建议研究［J］. 时代金融，2021（18）：49－52.

［70］ 杨俊杰，李尔龙，沈卫东. 中外 PPP 项目案例详解及合作模式比较［M］. 北京：机械工业出版社，2016.

［71］ 于水. 农村基础设施建设机制创新［M］. 北京：社会科学文献出版社，2012.

［72］ 余文恭. PPP 模式与结构化融资［M］. 北京：经济日报出版社，2017.

［73］ 约翰·吉尔林（John Gerring）. 案例研究：原理与实践［M］. 重庆：重庆大学出版社，2017.

［74］ 臧一哲. 我国农村基础设施投资模式组合［M］. 青岛：中国海洋大学出版社，2015.

［75］ 中央财经大学政信研究院. 中国 PPP 行业发展报告（2018—2019）［M］. 北京：社会科学文献出版社，2019.

［76］ 中央财经大学政信研究院. 中国 PPP 行业发展报告（2020）［M］. 北京：社会科学文献出版社，2021.

［77］ 周长生，李孟刚. 农田水利工程投资绩效测度及提升路径研究［M］. 北京：经济科学出版社，2017.

［78］ 祝晓曦. 私募股权投资参与水利 PPP 项目的思考［J］. 水利发展研究，2016，16（11）：35－38.